3.-

Editeurs: Véronique de Sépibus et
Nicolas Muñoz de la Mata
Directeur artistique: Jean-Claude Maillard
Photogravure: Clichés-Union
Photocomposition et montage: Nord-Compo
Achevé d'imprimer sur les presses de l'IHASA,
Sant Boi-Barcelone (Espagne)

ISBN 2-88393-000-7
Dépôt légal 1er trimestre 1990

Crédits photographiques :

Pages 6, 7 : enfants, Jacques Véry ● 8 : la nébuleuse de la Rosette, Hale Observatories ● 10 : Messier 81 dans la Grande Ourse, Hale Observatories ● 13 : nébuleuse du Trèfle, Kitt Peak National Observatory ● 14 : la Tête de Cheval (détail), Kitt Peak National Observatory ● 15 : la Tête de Cheval, California Institute of Technology and Carnegie Institution of Washington ● 16 : la nébuleuse de la Quille, Mount Wilson and Palomar Observatory ● 17 : la nébuleuse de l'Aigle, California Institute of Technology and Carnegie Institution of Washington ● 18 : vue générale d'Orion, Hale Observatories ● 20 : région centrale d'Orion, Lick Observatory ● 22 : Mérope, Kitt Peak National Observatory ● 22 : l'amas 47 Tucanae, European Space Organization ● 23 : les Pléïades, California Institute of Technology and Carnegie Institution of Washington ● 26 : protubérance solaire, NASA ● 28, 30 : taches solaires, California Institute of Technology and Carnegie Institution of Washington ● 31, 32 : protubérances solaires, Air Force Cambridge Laboratory ● 38 : éclipse de soleil et comète, Air Force Cambridge Laboratory ● 39 : comète, Mount Lemmon Observatory, University of Arizona ● 36 : comètes, Observatoire de Haute-Provence ● 42 : la Terre, vue de satellite, NASA ● 66 : le Soleil, NASA ● 68 : Mercure (cratère), NASA ● 68 : Mercure (vue générale), NASA ● 69 : Mercure, Nasa ● 70 : éclipse, vue par Apollo 12, NASA ● 72 : ouragan sur l'Atlantique Nord, Nasa ● 73 : Vénus, NASA ● 76 : lever de Terre sur la Lune, NASA ● 74 : Maria Lunaire, NASA ● 78 : le cratère Eratosthènes, NASA ● 78 : la Lune, vue d'Apollo 12, NASA ● 75 : la Lune, vue générale, NASA ● 79 : la Lune, vue d'Apollo 15, NASA ● 80 : Mars, sables, NASA ● 82 : Mars, canyon, NASA ● 84 : Mars, demi-planète, NASA ● 85 : Mars, coucher de Soleil, NASA ● 88 : Jupiter, Pionneer 2, NASA ● 96 : Saturne, California Institute of Technology and Carnegie Institution of Washington ● 90 : Callisto, NASA ● 91 : Io, NASA ● 92,93 : Jupiter, détail de la tache, NASA ● 102 : Meteor Crater, Arizona ● 105 : une lame mince de la météorite Allende, Ian M. Steele, University of Chicago ● 114 : nébuleuse planétaire Aquarius, Lick Observatory ● 115 : nébuleuse planétaire Vulpécula, Lick Observatory ● 118 : tapisserie de l'Apocalypse, Angers ● 121 : Hubert Reeves. Ciel & Espace ● 124 : Jacques Véry, Violaine Véry ● 125 : Eliane Dauphin-Lemierre, Jacques Véry ● Couverture : protubérance solaire, NASA ●

Hubert Reeves et Jacques Véry tiennent à remercier ici Pierre Emmanuel, Roselyne Chenu et Georges Jean, qui ont dirigé la rencontre d'Hautvillers « Le rôle de l'Imaginaire dans les Arts et dans les Sciences Exactes », où ce projet a pris naissance.

---

des livres
pour s'élever

La Nacelle

Ce livre est dédié à Icare enfant.
Il aurait pu s'appeler : le Soleil et le système scolaire.

SOLEIL

«Petit Poucet rêveur
j'égrenais dans ma course des rimes
Mon auberge était à la Grande Ourse
Mes étoiles au ciel
avaient un doux frou-frou»
Arthur Rimbaud

Collection l'Univers à deux voix

Hubert Reeves
Astrophysicien au C.N.R.S.

Jacques Very
Eliane Dauphin-Lemièrre

Jacqueline, Hélène, Félicie, Éric,
Marie-Annick, Marie, Laurent, Laurence, Fabienne, Isabelle, Patricia,
Suzette, Thierry, Blandine, Franck, Didier, Jean, Myriam, Caroline,
Marie-Catherine, Emmanuelle, France, Christophe, Philippe, Estelle,
Véronique, Gérard, Hélène, Arnaud, Catherine, Sylvie, Delphine, Joaquim,
Marie-Paule, Muriel, Bernard, Nathalie, Pascale, Claudine, Sophie, Yves,
Valérie, Nicole, Kaouthar, Gilles, Lionel, Emmanuel, Dominique,
Thierry, Luc, Nelly, Anne, Nadine, Évelyne, Frédérique, Massy,
Aline, Pascal, Jean-Paul, Paul-Hervé, Marie-Laure, Ismaël,
Corinne, Frédéric, Lionel, Marie-Christine, Florence,
Jean-Jacques, Serge, Marie-Laure, Brahim, Joël,
Jean-Christophe, Jean-Lou, Marie-Noëlle,
Marc, Thierno, Raoul, Olivier.

SOLEIL

Avant-propos

Tout a commencé par la rencontre d'un astrophysicien, Hubert Reeves, et d'un groupe d'enfants de 11 à 14 ans dans un C.E.S. de la banlieue parisienne, comme tant d'autres. Rencontre aussi de trois enseignements (Dessin, Français, Technologie), qui, au-delà des cloisons qui les isolent, ont découvert dans leur différence leur complémentarité. L'aventure a duré deux ans, de 1975 à 1977.

Magicien, Hubert Reeves entrouve les portes de l'Univers... A cette invitation, les enfants répondent par leurs créations. De grands dessins d'abord qui sont autant de voyages, voyage dans l'espace, mais aussi voyage en eux-mêmes. Réalité, imaginaire, ici se confondent. Le jeu des lignes et des couleurs engendre des « mondes ». Mais bientôt d'autres désirs appellent d'autres modes d'expression. Les dessins ne suffisent plus, les questions débordent, les mots prennent le relais, les enfants découvrent le plaisir d'écrire, les choses se mêlent, s'interpénètrent, se complètent. Une équipe naît, enthousiaste et créative.
Hubert Reeves et les enfants ont travaillé ensemble avec plaisir, se retrouvant, se concertant. C'est pourquoi nous avons mêlé leurs travaux pour montrer que s'il y a deux approches des choses, objective et subjective, elles ne sont pas antagonistes en chacun de nous, mais complémentaires. Même confondues dans l'unité profonde de l'être. Les textes et les dessins rassemblés dans ce livre ne représentent qu'une petite partie de ce qui fut réalisé dans le C.E.S. Pour des raisons matérielles, il a fallu choisir parmi plusieurs dizaines de textes et 150 dessins. Ils auraient tous trouvé leur place ici.

Que l'on ne s'y trompe pas ; ces enfants ne sont pas des « artistes ». Du moins, s'ils le sont, c'est sans le savoir. Ils expriment avec leur richesse et leurs moyens propres, leur vision du monde.

Certes, tout ne s'est pas fait sans difficulté. Pour l'enseignant, ce travail est un long et patient échange entre lui et ses élèves, une suite de tâtonnements pour découvrir chacun dans ce qu'il a d'unique et lui apporter dans le respect de sa liberté les moyens de se réaliser dans ses propres créations. Or, l'école, actuellement, n'est pas le lieu favorable à ce genre d'expérience. Un professeur de dessin voit 500 élèves chaque semaine et les adolescents qui vivent bien des déséquilibres sont entassés à 35 par classe. On s'accommode de ne plus les voir écrire, peindre, ou simplement s'exprimer.

Dans ces structures stérilisantes il eût été impossible, on s'en doute, de mener à bien ce travail sans l'acharnement et la persévérance de toute l'équipe, enfants et adultes.

Il a fallu bousculer les cadres établis et prolonger souvent le travail bien au-delà des heures officielles. Nous devons ce livre à l'enthousiasme de tous... SOLEIL... ce fut surtout de la joie, un peu de lumière et de couleur dans le gris des jours scolaires. C'est pour nous un espoir. Il suffirait de peu – peut-être – pour que l'école soit pour tous les enfants un moment privilégié de la vie.

Jacques Very

Là où naissent les étoiles

LES étoiles ne sont pas réparties uniformément dans l'espace. Elles sont groupées en galaxies dont les dimensions se mesurent en plusieurs dizaines de milliers d'année-lumières (rappelons que la lumière met une seconde pour se rendre à la Lune et huit minutes pour se rendre au Soleil...).
Bien que de formes assez variées, elles ont souvent la configuration d'un disque. Une galaxie moyenne comprend plusieurs centaines de milliards d'étoiles comme notre Soleil. Les galaxies sont, en quelque sorte, les « habitats naturels » des étoiles. Elles y passent toute leur vie, elles y naissent et elles y meurent.

Pour avoir une vue d'ensemble, il est utile d'observer une galaxie extérieure à la nôtre. Nous n'avons que l'embarras du choix ! On aperçoit au télescope des galaxies partout et dans toutes les directions. On les compte en effet par centaines de millions, mais il y en a probablement un nombre infini...

Voici Messier 81 (page 10), dans la Grande Ourse. Somptueuse et gracieuse, elle nous apparaît comme la grande roue d'un feu d'artifice cosmique. D'un noyau central très brillant, émergent deux bras spiraux qui se déploient dans l'espace et s'amenuisent progressivement, pour se fondre dans l'obscurité du ciel.

C'est une représentante typique de la classe des galaxies spirales. Située à neuf millions d'année-lumières, elle est une de nos proches voisines. On peut croire qu'elle nous fait face ; en fait, son plan est passablement incliné par rapport à la ligne de visée. C'est pourquoi elle nous paraît allongée dans le sens horizontal.

Cette galaxie, comme la roue d'un feu d'artifice, tourne sur elle-même, dans le sens suggéré par son image. Les bras sont à la traîne. Une rotation complète met environ deux cent millions d'années.

Une observation attentive montre que nous avons ici une spirale double. Chaque bras a, en fait, deux composantes : une brillante et une sombre. La composante brillante est constituée d'un alignement de taches blanches plus ou moins régulières. La composante sombre suit de très près la première, toujours dans sa partie intérieure (concave). Elle est formée par un chapelet de taches sombres accolées à la séquence brillante. Cette géométrie particulière est facilement reconnaissable, surtout à proximité et au-dessus du noyau central de la galaxie.

Les bras spiraux des galaxies sont les lieux de naissance des étoiles. Les taches sombres de la spirale noire sont des nébuleuses opaques. C'est en leur sein et à partir de leur matière que les étoiles nouvelles se formeront.

Après une période embryonnaire où elles demeurent obscures, ces étoiles s'allument brutalement et éclairent toute la matière avoisinante. Elles engendrent alors des nébuleuses émissives, dont l'alignement compose les bras spiraux blancs.

Une galaxie spirale (M 81)
dans la constellation de la Grande Ourse

La lumière met cent mille ans à parcourir son diamètre et neuf millions d'années à nous parvenir. Elle regroupe plus de cent milliards d'étoiles comme notre soleil.

Les étoiles d'une galaxie ne sont pas attachées en permanence aux bras où nous les voyons aujourd'hui. Elles circulent d'un bras à l'autre. Ces bras ressemblent aux crêtes écumeuses des vagues, par jour de grand vent. Ils brillent à cause des étoiles qui y voient le jour.

Pour observer plus facilement et étudier plus en détail tous ces phénomènes, quittons maintenant cette galaxie qui nous a donné une vue d'ensemble et revenons chez nous. Notre soleil fait partie d'une galaxie assez semblable à Messier 81. Il est, en compagnie du système solaire (Terre, Lune, planètes), situé presqu'au bord du disque galactique, où il est entraîné dans le mouvement général de la rotation.

La Voie Lactée est pour nous l'image de notre propre galaxie. Puisque nous en faisons partie, nous la voyons, évidemment, de l'intérieur. Cette bande nébulaire blanche qui traverse le ciel d'un horizon à l'autre, est bien visible l'été, quand la nuit est très noire (pas de lune, pas de lampadaire...).

La Voie Lactée n'est pas très régulière. Même à l'œil nu on distingue, parmi les pâles lueurs blanchâtres, des régions plus sombres. Les bras spiraux sont disposés, par rapport à nous, les uns derrière les autres. On ne peut les séparer et les identifier. Existent-ils vraiment ? Nous en avons des preuves, indirectes mais excellentes. Pour les voir, il faudrait pouvoir s'envoler au-dessus du plan de la galaxie. Comme l'on dit familièrement : « ce n'est pas demain la veille... »

Le télescope nous permet de regarder de près et de retrouver dans notre galaxie les différents objets, que nous avons identifiés dans M 81. La nébuleuse du Trèfle (page 13) dans la Constellation du Sagittaire va nous offrir un excellent terrain d'étude. Mais d'abord prenons un instant pour admirer la richesse de son coloris. Personnellement, je l'aurais plutôt nommée le « bouquet d'anémones », si l'on m'avait consulté. C'est un très bel exemple de « nuage interstellaire ».

Il me faut dire ici qu'entre les étoiles ce n'est pas le « vide ». Il y a de la matière : des atomes (surtout d'hydrogène), des molécules et des grains d'une fine poussière. Cette matière est concentrée en certaines régions du ciel, spécialement dans les bras spiraux et, pour nous, dans la Voie Lactée. Ces concentrations de matière interstellaire sont appelées « nuages » ou « nébuleuses » interstellaires. Leurs formes sont imprécises et variables, comme celles de nos nuages atmosphériques. Leurs masses sont incomparablement plus grandes. Certaines nébuleuses contiennent autant de matière que cent mille soleils... Leurs dimensions se mesurent en dizaines d'année-lumières.

A cause de leur très grande masse, les nuages ont tendance à s'écraser sur eux-mêmes sous l'effet de leur propre poids. S'ils « cédaient » à cette tentation, ils se contracteraient et se condenseraient tous très rapidement. En fait cette attraction est contrecarrée par leur propre chaleur interne : les gaz chauds ont tendance à se dilater. Selon la température de la région où

La nébuleuse du Trèfle dans notre Voie Lactée

Trois types de nuages interstellaires sont ici regroupés. A droite, des masses rouges appelées « nébuleuses émissives ». Entre celles-ci, des masses sombres nommées « nébuleuses opaques » ; à gauche, des masses bleues : ce sont les « nébuleuses de réflexion ».

La Tête de Cheval

Une grande nébuleuse opaque se profile sur un fond de ciel rouge. Elle est située près des « Trois Rois Mages » dans la Constellation d'Orion. Tout autour, des étoiles nouvelles naissent à foison.

ils se trouvent, les nuages oscillent continuellement entre ces deux comportements opposés : expansion et contraction.

Au voisinage des bras spiraux, le deuxième comportement l'emporte sur le premier (pour des raisons complexes que je ne peux détailler ici). La condensation, une fois amorcée, s'accélère de plus en plus.

Puis, au sein du nuage, des unités déjà denses se fragmentent et se condensent encore. Elles constituent alors des embryons d'étoiles. On appelle ainsi un objet stellaire qui ne brille pas en lumière visible, mais qui émet du rayonnement infra-rouge, observable avec un télescope approprié. La présence de lumière infra-rouge nous indique que l'embryon a commencé à se réchauffer, par rapport au grand froid de l'espace.

Une caractéristique importante est à signaler : les étoiles ne naissent pas seules, mais en groupe.

La fragmentation du nuage engendre de véritables « portées» d'étoiles jumelles, parfois très nombreuses, qui vivent ensemble longtemps avant de se séparer, tels des alevins dans un aquarium.

La Licorne ou nébuleuse de la Quille

La grande masse opaque, en forme de cône, se termine par un feu d'artifices de lumière et d'accouchements stellaires. Les flancs gauche et droit de la Licorne sont frangés de l'illumination des étoiles naissantes. La pression lumineuse tend à augmenter la densité de la masse et à déclencher de nouvelles condensations.

La nébuleuse de l'Aigle

Ici encore, dans la constellation du Serpent, on retrouve les éléments distinctifs des régions de grossesses stellaires. Les nébuleuses opaques voisinent avec les nébuleuses émissives, comme dans le Trèfle (page 13). Le centre de la photo est illuminé par les jeunes étoiles.

Après quelques centaines de milliers d'années, les étoiles quittent l'état embryonnaire et se mettent à briller de tous leurs feux. Chaque « portée » compte quelques étoiles extraordinairement brillantes (équivalentes à dix ou cent mille fois la lumière solaire) : ce sont les super-géantes bleues.

Au début, l'amas d'étoiles nouvelles est enfoui au sein du nuage qui lui a donné naissance. Les super-géantes bleues illuminent alors la masse nébulaire qui les entoure. La lumière stellaire est absorbée par les atomes, puis réémise par eux à leur manière. Les atomes d'hydrogène émettent une lumière rouge qui leur est propre : tout le nuage devient alors luminescent. « L'anémone » rouge de la nébuleuse du Trèfle en est un magnifique exemple (page 13).

L'anémone bleue illustre un autre phénomène. L'étoile éclairante n'est pas assez chaude pour exciter les atomes d'hydrogène. Sa lumière est alors simplement réfléchie par les grains de poussière qui sont en suspension dans la masse nébulaire. Sa teinte bleue provient très précisément de cette réflexion. On parle alors d'une « nébuleuse de réflexion ».

Les nébuleuses qui n'hébergent pas d'étoiles se présentent à nous comme des masses opaques. Atomes et poussières servent d'écran aux étoiles situées derrière elles. Le nuage opaque dit de la Quille (page 16) en est un exemple spectaculaire.

Ici, la formation d'étoiles a lieu à l'extrémité du nuage. Celui-ci est allumé comme un cigare qui flamboie doucement. Au-dessus de la flamme, on aperçoit une quantité d'étoiles très jeunes et très brillantes. Derrière ces étoiles, des traînées de matière, comme des résidus inutilisables, témoignent d'une activité antérieure.

La Tête de Cheval (page 15) située dans la constellation d'Orion illustre une fois encore les étapes initiales de la vie stellaire. Pour moi-même, j'imaginerais plutôt une sorte de dragon cosmique (ou de monstre du Loch Ness) émergeant d'une mer en furie. Le ciel est rouge, irradié par la luminescence des atomes d'hydrogène dont j'ai parlée plus haut. La nébuleuse opaque occupe tout le bas de la photo et se prolonge par la Tête de Cheval. Celle-ci est frangée par la lumière des super-géantes bleues qui parsèment le ciel. En bas, à gauche, une activité intense se déroule, en bleu.

La photo de gauche représente la constellation d'Orion. L'orientation en a été changée, le haut se trouvant à droite de la page. Le schéma de droite (bien orienté) vous permettra de retrouver les étoiles-clefs et de repérer la constellation, à l'Est les soirs d'hiver.

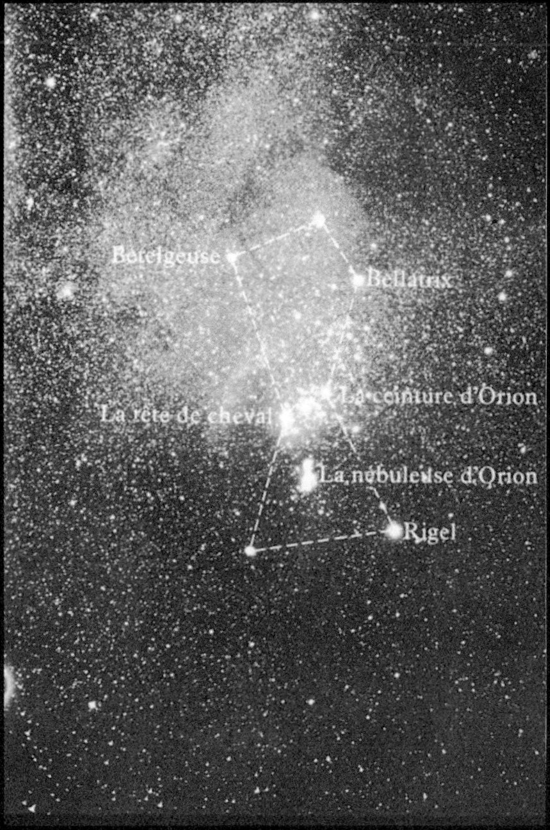

s'agit de quatre étoiles extraordinairement jeunes (à l'échelle stellaire...) qui sont responsables de l'illumination de la nébuleuse entière. La coloration verte est due aux atomes d'oxygène interstellaires.

La photo de la page 14 présente un agrandissement de la région centrale. Le « noir et blanc » accentue le côté dramatique de cette vision d'enfantements stellaires.

Le lecteur n'aura pas de difficulté à reconnaître les caractéristiques générales de la nébuleuse dite de l'Aigle dans la constellation du Serpent (page 17) : voyez le ciel rouge, les bandes sombres et les constellations d'étoiles brillantes au centre de la photo. Notons, encore une fois, les franges lumineuses qui entourent les masses opaques. Ici la lumière des étoiles avoisinantes exerce une pression lumineuse sur les nébuleuses (comme le vent qui bouscule les nuages dans notre ciel terrestre). Cette pression tend à accroître la densité des masses gazeuses et à précipiter leur effondrement et leur fragmentation en embryons.

La constellation d'Orion est une des régions célestes les plus fécondes en « grossesses » stellaires.

Elle est présentée dans son intégralité à la page 18. En page 19 on retrouvera, schématiquement, le nom et l'emplacement des étoiles visibles à l'œil nu. C'est en hiver qu'on la distingue le mieux, peu après le coucher du soleil. Elle figurait pour les anciens le personnage mythologique « Orion », assommant d'un coup de massue le Taureau. La Tête de Cheval est située près de l'étoile de gauche de la Ceinture d'Orion (appelée aussi Les Trois Rois Mages). Au-dessous de cette Ceinture apparaît la splendide nébuleuse d'Orion, tout juste visible à l'œil nu (avec un peu d'imagination...).

La partie centrale de la nébuleuse est reproduite à la page 20. On notera, au centre de la photo, quatre étoiles bleues appelées « le Trapèze ». Voilà donc à nouveau des super-géantes bleues, responsables de cette somptueuse illumination ! Ces étoiles *ont moins d'un million d'années.* Elles se rangent parmi les plus jeunes que nous connaissions.

Des nébuleuses émissives, comme celle d'Orion, forment, par leur alignement, les bras spiraux, brillants des galaxies (revoyez la photo Messier 81 en page 10).

Les bras sombres, qui sont accolés à leur partie concave, proviennent d'une séquence de nébuleuses opaques, comme la Quille ou la Tête de Cheval. Ainsi, nous avons retrouvé chez nous les éléments architecturaux des galaxies spirales.

Après quelques millions d'années, l'effondrement et la fragmentation des nuages interstellaires s'achèvent. Selon la masse nébulaire initiale cent ou cent mille étoiles semblables à notre soleil se seront formées.

L'amas du Toucan (page 22 à gauche) est un des plus gros qui existent dans le ciel. Il est né au tout début de notre Galaxie, il y a environ quinze milliards d'années. Ces étoiles sont les doyennes en âge. Un nuage beaucoup plus petit a donné naissance aux Pléiades (page 23), il y a quelque trente millions d'années. Les sept étoiles principales sont visibles à l'œil nu. L'amas en contient, au total, plusieurs dizaines. Autour des plus brillantes, des nébuleuses de réflexion nous signalent la présence de nuées de poussières interstellaires (comme dans l'anémone bleue de la page 13). Ces poussières représentent vraisemblablement, les résidus inemployés du nuage natal.

Mérope (page 22 à droite) est une des Pléiades. Ici des poussières se sont alignées pour construire des formations nuageuses qui rappellent nos cirrus à grande altitude. Ces poussières joueront un rôle dominant dans l'élaboration des cortèges planétaires.

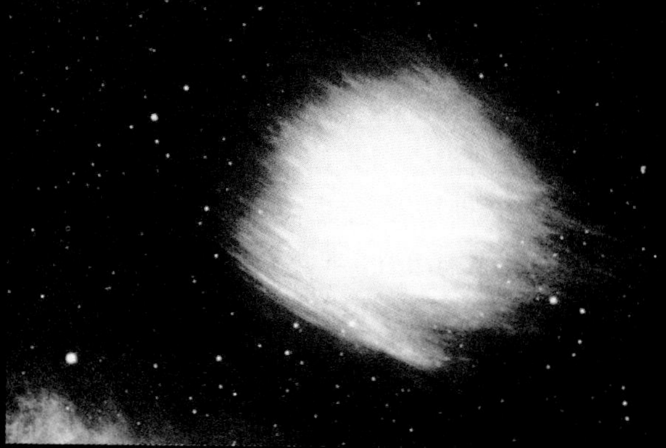

L'amas du Toucan
(à gauche)
Issu de la fragmentation d'une nébuleuse géante, cet amas compte plus de cinquante mille étoiles. Il s'est formé au tout début de la vie de notre Galaxie, il y a plus de quinze milliards d'années.

L'étoile Méropée
(en haut)
Cette étoile appartient à l'amas des Pléiades (à droite).

L'amas des Pléiades
(à droite)
Cet amas est né de l'effondrement et de la fragmentation d'un nuage relativement modeste il y a environ trente millions d'années. Il contient une centaine d'étoiles. La lumière des plus brillantes d'entre elles nous arrive tamisée par des myriades de poussières interstellaires disposées en « cirrus ». Les planètes comme notre Terre sont formées de l'agglomération de telles poussières.

Notre Soleil

Un soleil amoureux avec de longs cheveux caressa mes mains gelées. Dans les ciels les plus noirs, il a élevé pour moi, une église de lumière. Et moi vêtue de feu, à son bras je suis entrée, il a mis à mon doigt un anneau de clarté. Et j'ai dit oui ! J'ai dit oui pour les maisons qui brûlent, pour les ventres en feu, les orages de colère, les éclairs assassins. Il m'a ouvert la porte d'un brasier fou, pour y coiffer, docile, l'éclat d'une journée.

Acte de naissance du Soleil

C'EST vraisemblablement dans des conditions analogues que notre soleil est né il y a quatre milliards six cent millions d'années.

Les images des pages précédentes illustrent la façon dont les événements se déroulent aujourd'hui. Elles nous donnent, sans doute, un bon aperçu des phénomènes qui ont amené la formation du système solaire.

Au départ, une nébuleuse opaque, issue de la fragmentation d'un grand nuage interstellaire, forme un embryon stellaire, accompagné de multiples frères. Il se présente comme un disque en rotation rapide autour d'un axe passant par son centre.

Près de l'axe, la température croît rapidement. La matière s'y accumule pour former le soleil.

Plus loin dans le disque, les poussières interstellaires vont jouer un rôle dominant. Ces poussières nous sont familières ; nous les avons aperçues en nappes alignées dans la nébuleuse du Trèfle, autour des Pléiades et en particulier devant l'étoile Méropée. Elles vont s'assembler autour du soleil, s'agglutiner et constituer des corps compacts aux dimensions de plus en plus grandes.

Bientôt des bolides de formes variées vont sillonner le volume de la nébuleuse.

Au hasard des collisions, ces corps vont, soit se désintégrer, soit croître encore en masse et former éventuellement des astéroïdes, des satellites, des planètes et des comètes.

Au voisinage du soleil, seuls les corps réfractaires résisteront à la haute température ambiante. Mercure et Vénus n'ont pas de liquides et pas de glaces. En s'éloignant de l'astre central, cependant, on trouve des régions de plus en plus tièdes, de plus en plus froides. Les planètes géantes sont largement constituées de cristaux de glaces (d'eau, de méthane et d'ammoniaque) en suspension dans leur vaste atmosphère d'hydrogène.

Le système solaire a pris sa forme actuelle quelques millions d'années après sa naissance. Le Soleil et son cortège planétaire se sont progressivement éloignés de l'amas natal. Il a pris congé de ses frères, chacun est parti dans le vaste monde de la galaxie pour y vivre sa vie stellaire.

Dès lors, toujours accompagné de ses planètes, comme un roi de sa cour, il gravite autour du centre de la galaxie. Depuis sa naissance, il en a fait vingt fois le tour complet. Il a donc vingt « années galactiques ».

Dans son périple, il rencontre maintenant des étoiles de tout âge et de toute espèce. Certaines sont nées il y a quinze milliards d'années, avec la galaxie, d'autres ont moins d'un million d'années. Il y en a des bleues, des jaunes et des rouges. Il y en a des naissantes comme celles d'Orion), des mourantes (comme les nébuleuses planétaires que nous verrons plus loin). Il y a aussi des cadavres stellaires qui n'émettront plus jamais de lumière (les trous noirs qui font rêver). C'est la « foule bigarrée aux costumes multicolores » de notre Voie Lactée et de notre ciel nocturne.

Une protubérance solaire

Le cercle rouge est le disque du soleil tel que photographié et retransmis par un satellite de la Nasa. Les couleurs ne sont pas fidèles. Les régions les plus chaudes sont en jaune, les plus froides en noir ; le rouge est intermédiaire.
Sur le bord du disque, s'élève une gigantesque protubérance. Des bouffées de gaz incandescents montent dans l'espace à des centaines de milliers de kilomètres. Elles retombent ensuite en jets empanachés.

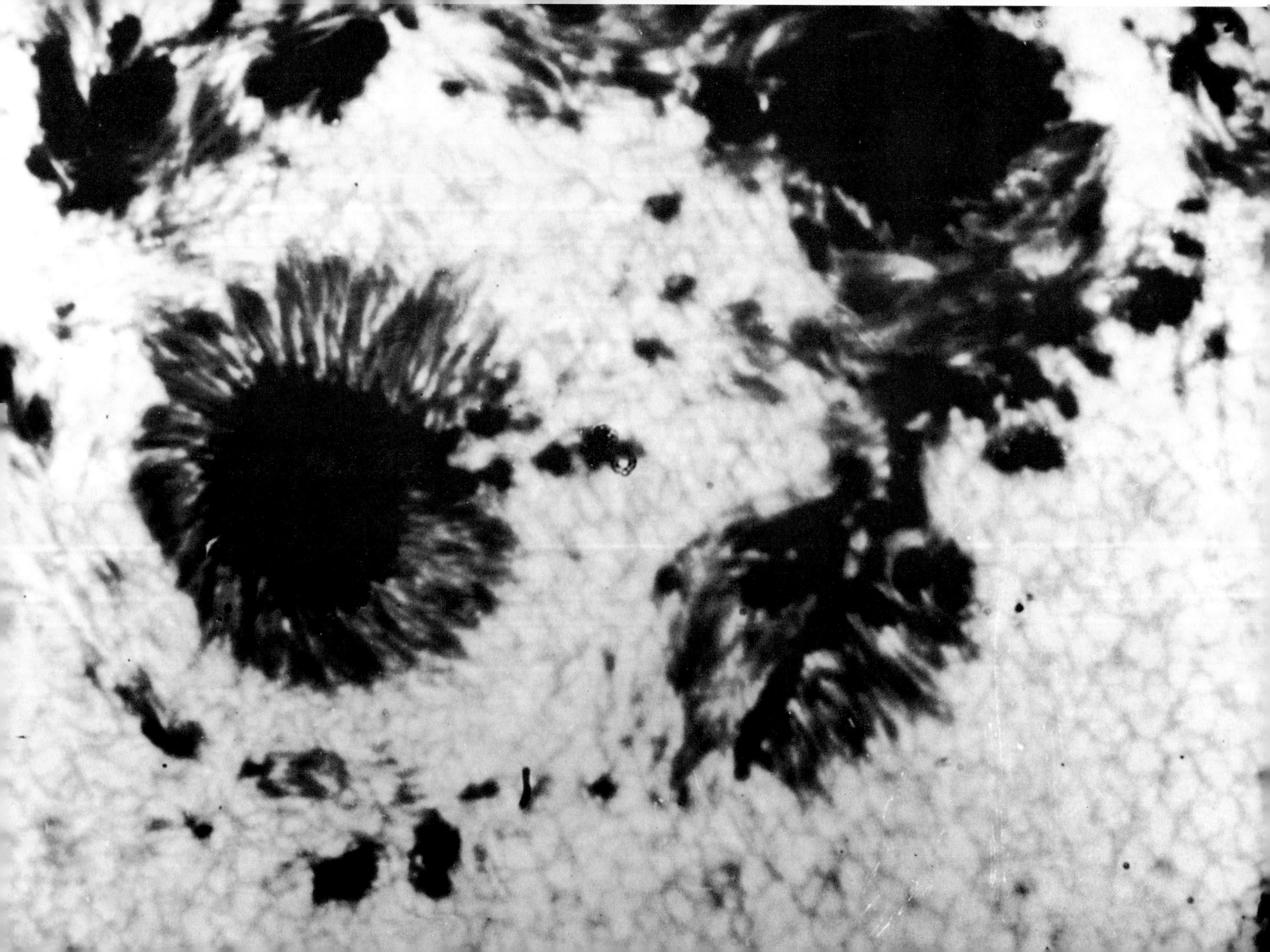

La surface du Soleil

A l'œil nu - en prenant des précautions pour ne pas se brûler la rétine - on peut en certaines occasions, voir sur le disque uniforme du soleil des petites taches nommées « taches solaires ».

Au télescope la surface solaire présente une texture granuleuse et mouvante sur laquelle s'inscrivent des accidents géographiques de toutes sortes.

Les taches deviennent des gouffres immenses qui, sans difficulté, engloberaient notre terre... Elles sont reliées entre elles par un réseau complexe de champs magnétiques intenses. Les lignes de force de ces champs magnétiques dominent les courants de matière au voisinage des taches et provoquent les striations tourbillonnaires qui les entourent.

A certains moments une grande lueur blanche apparaît au voisinage des taches : c'est le signal de départ d'un événement d'une extrême violence : une « éruption solaire ». De gigantesques filaments incandescents s'élèvent à des centaines de milliers de kilomètres et retombent en arches majestueuses. Tout le ciel s'embrase...

D'intenses flux de particules de grande énergie se propagent dans tout le système solaire à la vitesse de la lumière. Celles qui s'approchent de la terre sont piégées par le champ magnétique de notre planète et dégringolent vers les pôles. La haute atmosphère s'illumine en « auréoles boréales ». Les communications radiophoniques sont profondément perturbées.

Le nombre des taches solaires change au cours des années. Cette variation se fait selon un cycle de onze ans, le « cycle d'activité solaire ». Il se manifeste par le nombre de taches, par la fréquence des aurores boréales et aussi par l'épaisseur des cercles concentriques qui marquent la croissance annuelle des arbres sur leurs troncs coupés. L'étude de documents anciens nous apprend que ces taches sont connues depuis la plus haute antiquité.

Qu'est-ce qui provoque le cycle de onze ans de l'activité solaire ? Comment cette activité est-elle reliée à l'émission d'énergie nucléaire au centre du soleil ? On n'en sait rien. C'est pour élucider des mystères comme ceux-là qu'on envoie des vaisseaux spatiaux près de la surface de notre soleil.

Des taches solaires

C'est l'ébullition rapide des couches supérieures du globe solaire qui provoque le relief en « grains de riz » que l'on distingue sur cette photo. Les taches sombres sont des gouffres géants engendrés par les tourbillons de ce fluide solaire, gazeux, ionisé et magnétisé. Ils sont si vastes qu'on y logerait aisément notre planète Terre.

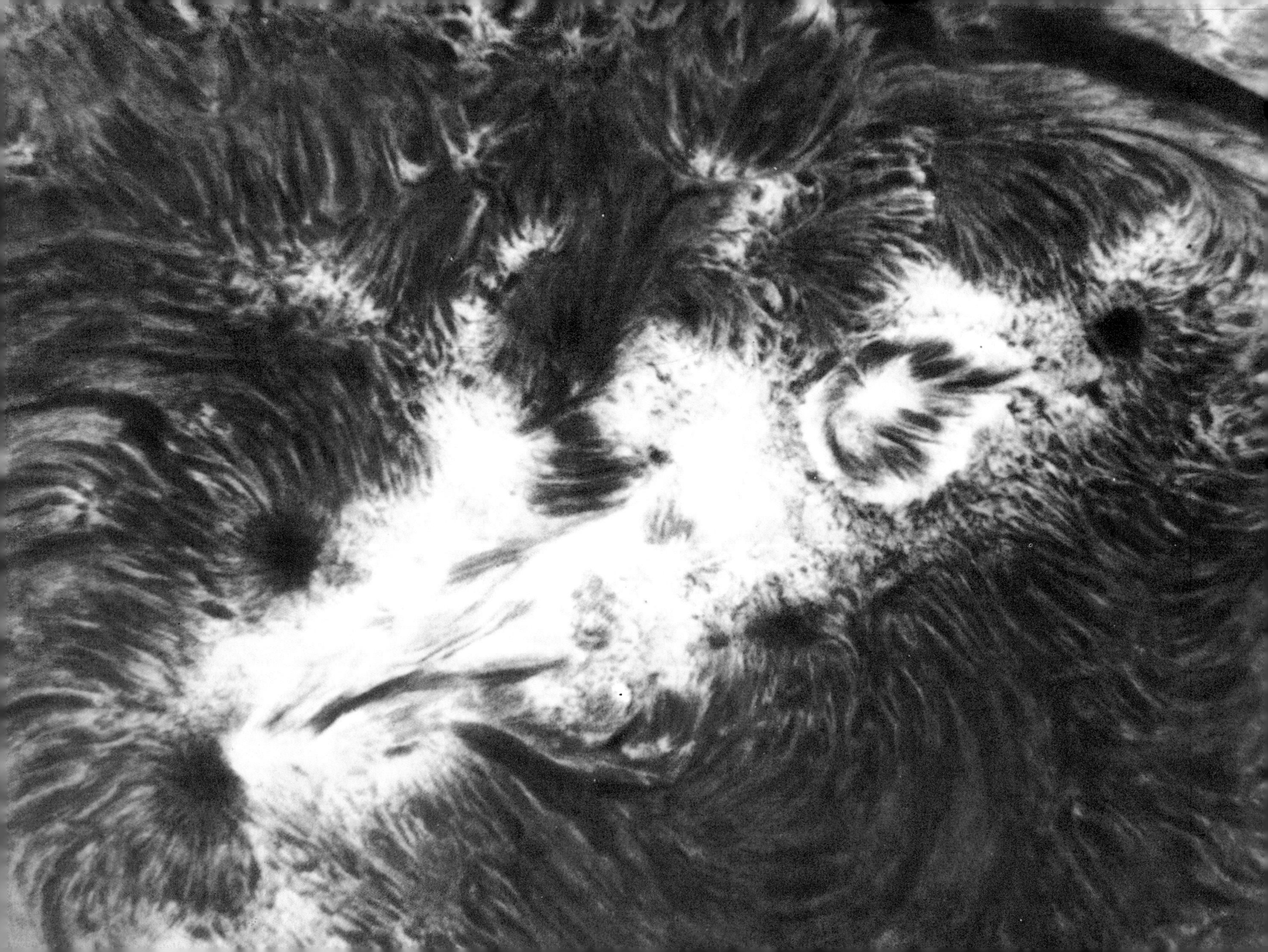

Un éclair sur le soleil *(à gauche)*
La large bande blanche qui traverse l'image en diagonale, manifeste l'existence, en cette région de la surface solaire, d'une formidable activité électromagnétique.
C'est, en quelque sorte, un « éclair » solaire.
Dans les heures qui vont suivre, des protons, des noyaux et des électrons, accélérés à des centaines de millions d'électrons-volts vont envahir l'espace interplanétaire en suivant la voie des lignes de force de la magnétosphère solaire. Nos satellites les retrouveront jusqu'au-delà des orbites de Jupiter et de Saturne.

Une éruption observée aux rayons X *(à droite)*
Une grande flamme s'élève sur le disque du soleil.
Ici encore les couleurs sont codées en termes de température.

Le soleil est une boule gazeuse dont la masse se mesure en milliards de milliards de milliards de tonnes (2×10^{33} grammes). Ecrasé par le poids énorme des couches supérieures, le centre du soleil se trouve porté à une température d'environ seize millions de degrés. A cette température le gaz central développe la pression requise pour supporter toute la masse solaire.

L'agitation thermique des atomes les précipite les uns contre les autres ; ils entrent en collisions violentes et restent quelquefois accrochés ensemble.

Ces collisions provoquent alors des « réactions nucléaires ».

Le soleil est composé surtout d'hydrogène et d'hélium. Les réactions nucléaires transforment l'hydrogène en hélium et émettent en même temps des photons (grains de lumière) de grande énergie qu'on appelle rayons X et rayons gammas. Ces rayons, absorbés puis réémis par les atomes du gaz, se propagent vers les couches extérieures et arrivent à la surface du soleil sous forme de lumière visible. De là ils s'échappent dans l'espace. Le soleil brille...

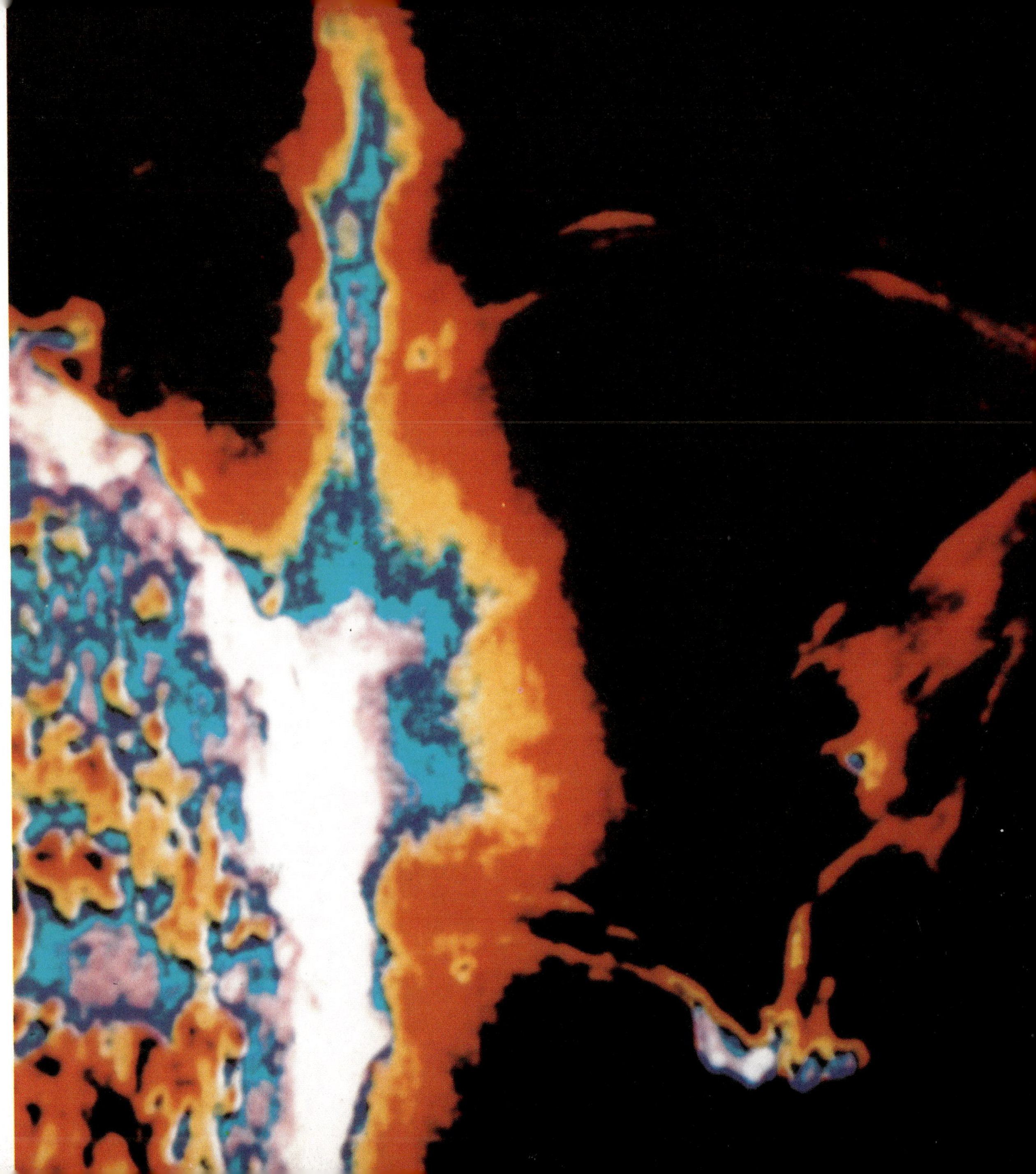

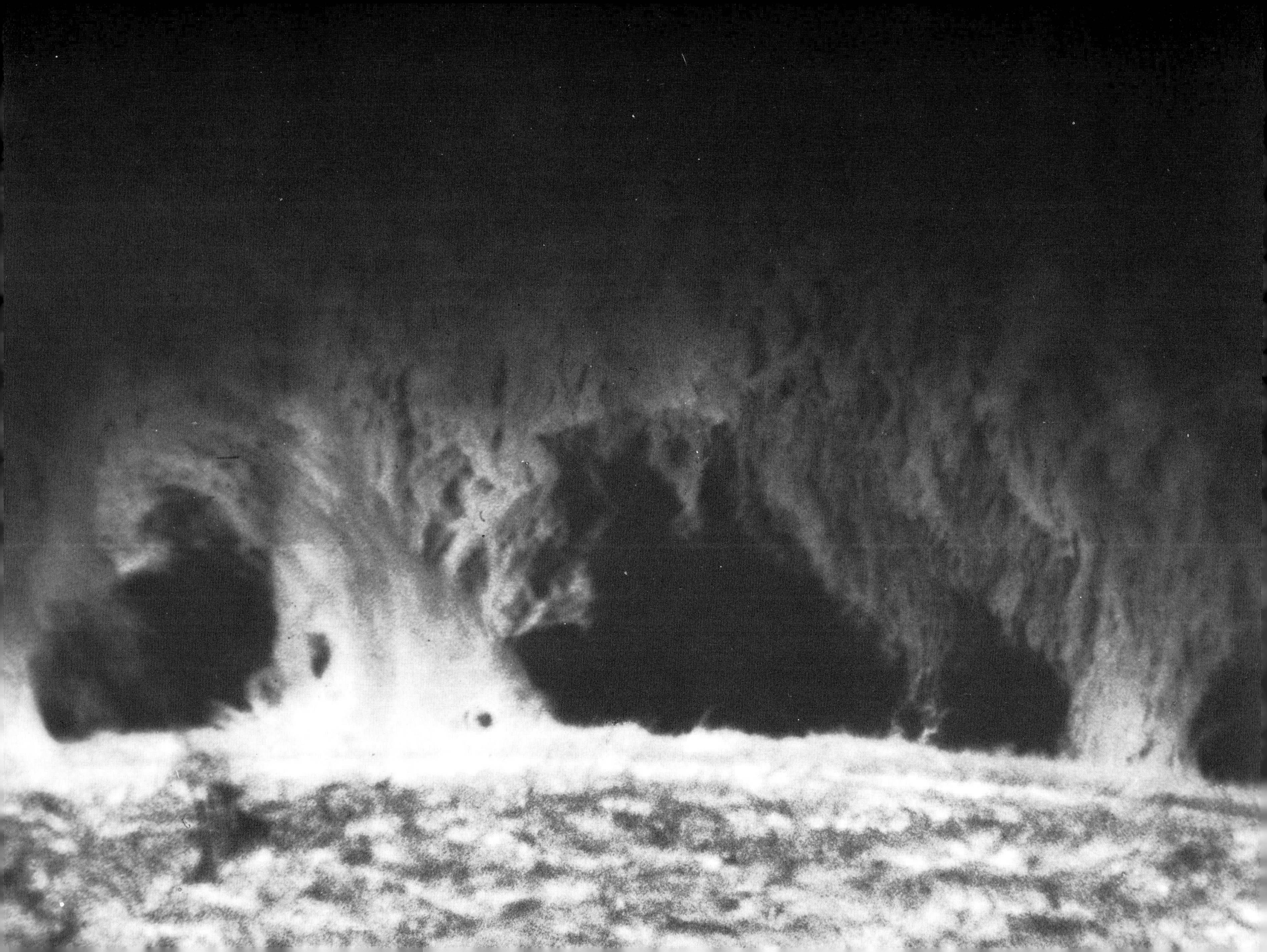

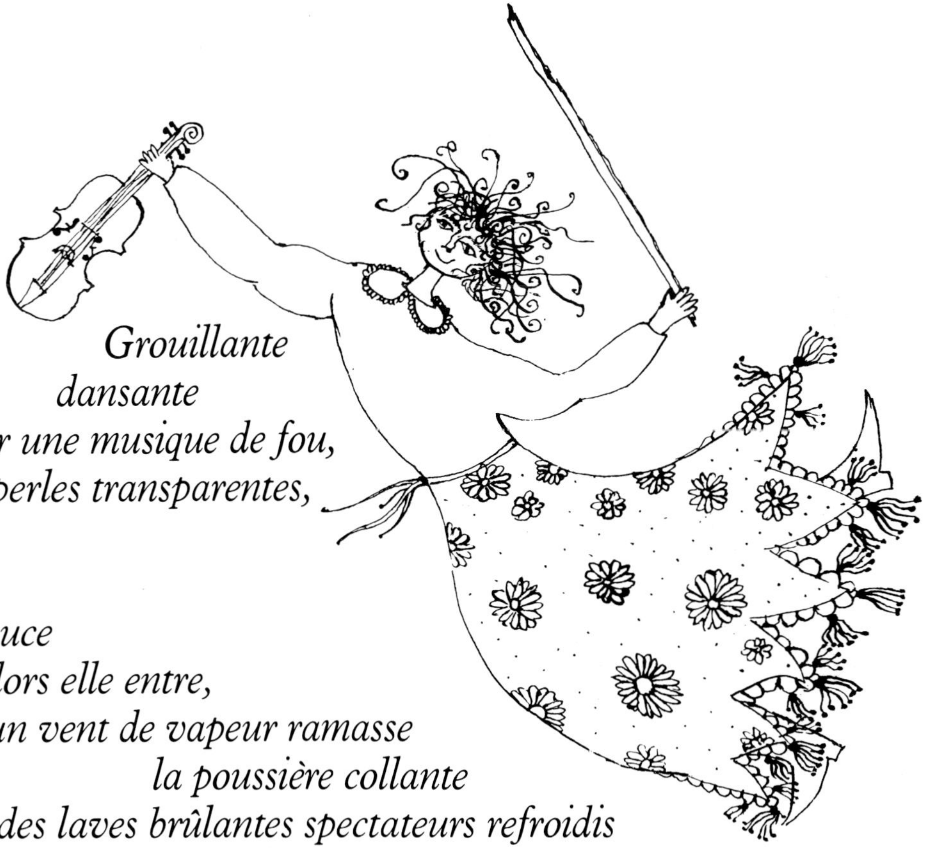

Grouillante
dansante
sur une musique de fou,
la crépitante chanson se fend en perles transparentes,
brûlantes larmes de feu
une assiette de flammes s'étale
et coule en pente douce
alors elle entre,
un vent de vapeur ramasse
la poussière collante
des laves brûlantes spectateurs refroidis
pendants en lambeaux de
couleur autour de la scène mouvante
tout se concentre
se contracte – la foule crie – se mélange –
explose en croûte tendre.

Soudain, un orage éclate.
Dans le silence mortel, dans l'immensité sans couleur,
le rideau se fêle en petites lézardes tranchantes.
De ces plaies jaillissent des éclats de lumière
qui gonflent et grossissent,
s'enflent et qui emplissent l'air obscur.
Les comètes sont aveuglées par la chaleur massacrante.
Elles se déplacent, fuient puis reviennent,
s'entrechoquent, affolées.
Elles tournent dans un manège fou,
elles se compressent,
se collent, se blessent contre les braises tranchantes.
Deux d'entre elles soudain s'affrontent.
Elles roulent puis s'agglutinent,
puis se referment jusqu'à former une sphère parfaite.
Les éclairs fondent, le silence retombe.
Tout est figé.
Puis autour de cet astre, une douce et simple lumière
s'étale dans la nuit,
une pluie fine humecte le sol et doucement...
la Vie naît...

L'étoile filante qui ne filait pas

Dans le ciel vivait une étoile, qui était très belle, tout le monde l'admirait. On s'en moquait tout de même car elle avait un défaut, il était immense, elle ne pouvait pas filer. Elle avait pourtant un ami, un petit nuage qui la consolait quand elle était peinée de voir ses petites sœurs filer. Parfois elle pleurait pendant des jours et des jours. Fatigué de la voir pleurer, le petit nuage courut rendre visite à son ami le vent. Il lui expliqua les ennuis de la petite étoile et celui-ci lui promit de lui venir en aide. Un jour sans rien dire, il se plaça derrière la petite étoile et lui souffla discrètement dans le dos. La petite étoile se mit à trembler et d'un seul coup fila comme l'éclair. Il avait suffi qu'elle comprenne qu'elle était comme les autres ; elle devint à son tour aussi audacieuse, et continua de filer longtemps.

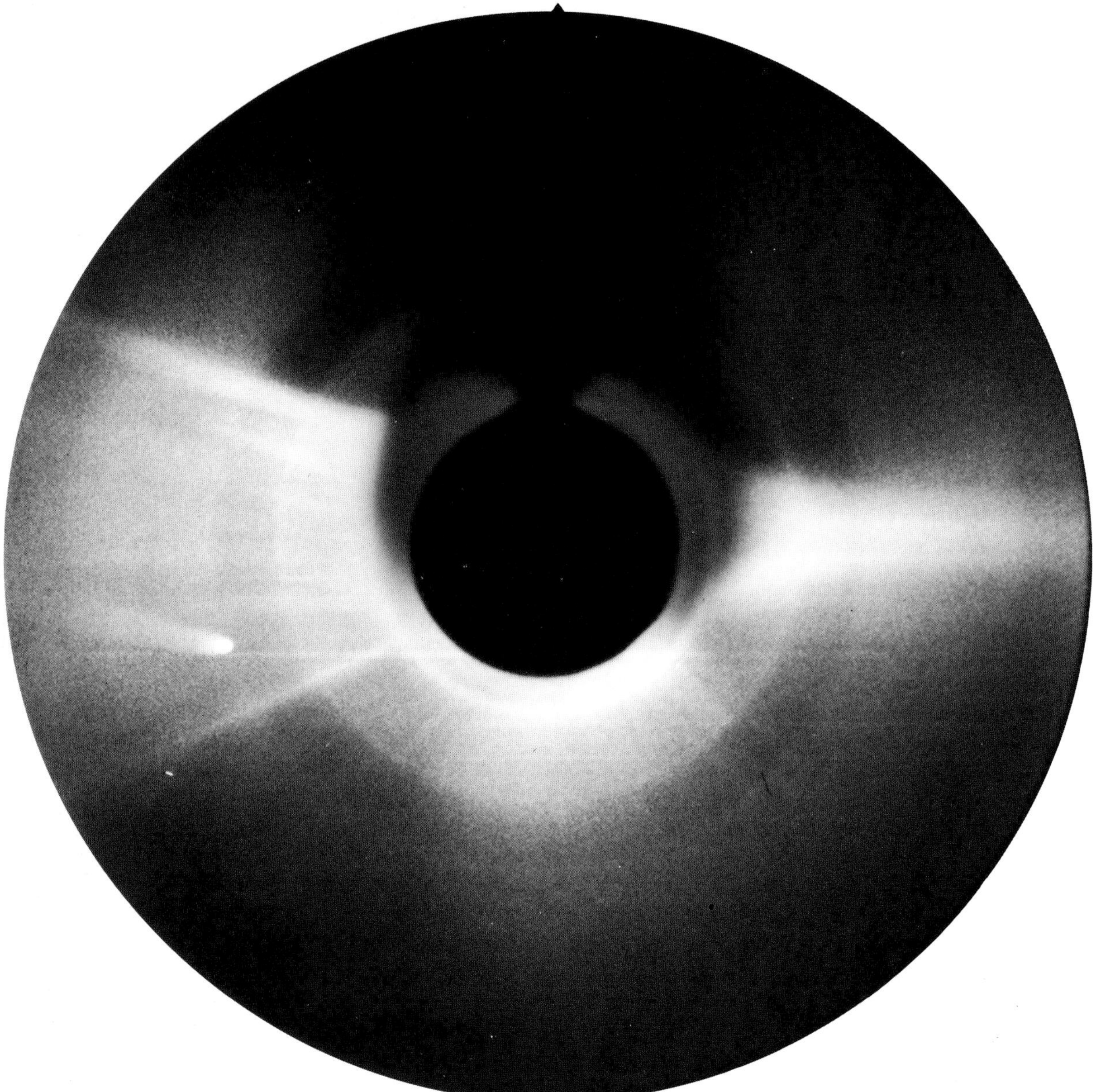

Le vent solaire *(à gauche)*

Pendant une éclipse du Soleil, la Lune nous cache l'éblouissante surface solaire. On voit alors apparaître une lueur rougeâtre qui s'étend à des millions de kilomètres dans l'espace. Cette lueur provient de l'illumination par le Soleil, d'une masse gazeuse qu'il rejette loin de lui.

Le soleil souffle continuellement dans l'espace un « vent solaire ». Les couches supérieures de son atmosphère, surchauffées par la marmite bouillante de son intérieur, sont chassées à des vitesses de cinq cents à mille kilomètres par seconde. Le vent solaire est très irrégulier. A des périodes calmes succèdent de violentes bourrasques qui se font sentir jusqu'aux confins du système solaire et qui perturbent les queues en panache des comètes. Notre planète s'est mise à l'abri du vent solaire par son champ magnétique qui le détourne, comme un paravent détourne le vent. La lune n'a pas de champ magnétique ; elle reçoit le vent solaire en pleine figure. En masquant le disque solaire au moment des éclipses, la Lune nous laisse voir le flux de vent qui s'échappe du soleil. A gauche, une comète s'approche.

Une comète *(à droite)*

Les comètes sont des conglomérats de pierres, de poussières et de glace. Elles ont à peu près la taille de nos grandes montagnes terrestres : le Mont-Blanc ou l'Éverest. Normalement elles circulent bien au-delà de l'orbite de Pluton, aux confins du système solaire, où elles sont parfaitement invisibles pour nous, terrestres. Occasionnellement, une d'entre elles est déviée de sa course par l'effet des étoiles voisines. Projetée dans la direction du soleil, elle s'échauffe. Les glaces fondent et se subliment. Elle laisse derrière elle une longue traînée de matière éjectée, qui peut s'étendre sur des dizaines de millions de kilomètres. Illuminée et excitée par la lumière du soleil cette « queue » devient visible. La comète parcourt le ciel avec son panache torsadé.

Après quelques passages au voisinage du soleil, la comète, par la fonte des neiges, s'est considérablement rétrécie. Il peut alors lui arriver de se désagréger totalement en une myriade de petits cailloux. En pénétrant dans l'atmosphère, ces cailloux se vaporisent, deviennent incandescents et flamboient dans la nuit. Ce sont les « étoiles filantes ».

Pourquoi le Soleil ne tombe-t-il pas sur la Terre ?

QUAND, un jour, un enfant m'a posé cette question, je lui ai répondu « parce que la Terre tourne autour du Soleil avec tout juste la vitesse qu'il faut ».

Quand, avec sa logique, il a ajouté : « mais pourquoi tourne-t-elle ? » je me suis rendu compte que la réponse allait nous entraîner très loin, jusqu'aux premiers instants de notre univers.

La terre tourne parce que le nuage interstellaire qui a donné naissance au système solaire tournait sur lui-même ; tous les objets qui en sont issus : Soleil, planètes, satellites, ont hérité de sa rotation et tournent autour du Soleil aussi bien que sur eux-mêmes.

Pourquoi ce nuage tournait-il sur lui même ? Parce qu'il appartient à notre galaxie. Toutes les galaxies tournent et leur mouvement général oblige les nuages qu'elles contiennent à tourner également sur eux-mêmes.

Pourquoi les galaxies tournent-elles ? Malheureusement nous savons peu de choses sur l'origine des galaxies et sur l'origine de leur rotation. Vraisemblablement la matière en expansion, issue de l'Explosion Initiale, contenait-elle un très grand nombre de concentrations en mouvements tourbillonnaires, qui par un ensemble de phénomènes encore inconnus, se sont transformées en galaxies tournantes...

Ainsi les planètes ont reçu leur rotation d'un nuage, qui a reçu la sienne d'une galaxie, qui a reçu la sienne des mouvements tourbillonnaires existant au début de l'univers. Les saisons, le jour et la nuit, nous viennent de très loin...

Les saisons

EN hiver, le soleil se lève tard, ne monte pas très haut au-dessus de l'horizon et se couche tôt. En été il se lève tôt, monte presque jusqu'au zénith et se couche tard. Il y a là deux éléments importants qui déterminent la quantité de chaleur que le soleil dépose chaque jour en un endroit de la terre. Il y a, bien sûr, la durée du jour, mais aussi la hauteur du soleil à midi. Quand le soleil est bas sur l'horizon sa lumière s'étale sur une plus grande surface et elle en est d'autant diluée.

La terre transforme en chaleur la lumière qu'elle reçoit du soleil. Cette chaleur accumulée est elle-même réémise sous forme de rayonnement infra-rouge.

En moyenne la terre émet autant d'énergie lumineuse qu'elle en reçoit : globalement elle ne se réchauffe ni ne se refroidit. Localement il n'en va pas de même : là où c'est l'hiver on perd beaucoup plus de chaleur qu'on n'en gagne : le sol et l'air se refroidissent de jour en jour, les eaux gèlent et s'accumulent sous forme de glaces, la banquise polaire gagne du terrain.

Il faut beaucoup de chaleur pour fondre la glace. Dans l'hémisphère nord, même si les jours allongent dès la fin de décembre, la température ne commence guère à remonter avant mars ; janvier et février sont les mois les plus froids.

On retrouve le même décalage – à l'envers – en été : la chaleur accumulée par les sols et les eaux ne commence guère à s'épuiser avant septembre.

Dans l'hémisphère sud, janvier et février sont les mois les plus chauds et juillet-août les plus froids.

Les cycles de la vie végétale sont dominés par le passage des saisons. Les basses températures ralentissent les échanges d'énergie qui forment la trame de la vie. Les êtres vivants entrent dans une sorte de sommeil récupérateur. Là où les neiges s'amoncellent, les terres plongent dans la nuit.

Le printemps ramène le jour, les plantes reprennent leur croissance et s'épanouissent pendant les longs jours d'été. A l'automne les feuilles tombent et le cycle se termine, pour reprendre l'année suivante.

La Terre, vue d'un satellite
Du pôle Nord (à droite) au pôle Sud (à gauche), les climats se révèlent à la gradation des teintes. Notez, par exemple, la différence entre le jaune du Sahara et le vert de la jungle Centrafricaine.

Je m'enfonce
dans la chlorophylle,
elle absorbe mes poumons,
mes yeux débordent de nature.
Je suis écrasée
par cette masse immobile ;
pourtant elle m'approche,
me pousse,
me tire.
Je m'aplatis contre le sol,
le plafond de dentelle opaque
se referme sur moi,
un éclair de ciel frappe
ma tête brûlante
de fièvre verte.
Je suis dans un manège qui tourne
comme mes yeux
quand ils cherchent le jour.
Il fait sombre pourtant,
il fait chaud,
le rideau de feuillage souffle des gaz aveuglants.
Je m'endors bercée par l'immensité de la forêt vierge.

La nuit

Il fait noir, trop noir, des monstres frappent à ma porte.
Il fait nuit, j'ai peur. Le monde est loin de moi.
Seule une bête que je serre très fort dans mes bras.
« Protège-moi, petit chat », lui dis-je chaque soir
dans le creux de son oreille. La pluie, le vent
frappent mes carreaux : « Ils me préviennent, tu les entends, Pussy ? »
Non, non, arrêtez, je vous en supplie !
Pourquoi voulez-vous m'effrayer ? Que vous ai-je fait ?
« J'ai peur, très peur. Je colle mes mains tremblantes sur mes oreilles,
je ferme mes yeux très fort pour ne plus voir
cette sorcellerie et ce diable monstrueux. Mais hélas,
le cauchemar continue, il envahit mon esprit
pour descendre jusqu'à mes pieds.
Ils transforment mon corps en une boule traquée.
Pourquoi faut-il toujours attendre le soleil jusqu'au matin ?
Pourquoi se cache-t-il toujours derrière ce rideau noir ? »
Pussy, Pussy, où es-tu mon petit chat ? Je t'en supplie, reviens, reviens !
Le réveil sonne, il fait toujours noir.
J'allume ma lampe de chevet, la lumière m'éblouit,
me fait mal aux yeux. Mais j'ai toujours peur.
Je me lève, j'ouvre mes volets, je suis sauvée.
La vie est là. L'éclat du jour apparaît devant moi,
effaçant tous les cauchemars de la nuit.

Le jour

De bon matin, je me réveille,
une lueur pénètre dans ma maison.
Les fruits sont juteux ce matin !
Une promenade en montagne,
je rencontre une paysanne
qui cueille des fleurs pour ses lapins,
je ramasse des champignons,
un rouge-gorge chante dans les buissons,
l'air sent l'églantine !
La source est fraîche mais si pure...
Je m'endors sur un cheval
et je m'en vais vers la mer
retrouver le roi de l'univers...

Je tombe

je suis la pluie

et je tombe

je fais le tour du monde

je fais le tour du monde

hier à Marseille

aujourd'hui à Rennes

demain à Draveil

et je tombe

sur l'herbe fraîche

sur les roses en bouton

sur les grenouilles dans l'étang

sur la femme en action

sur l'immeuble en construction

sur l'homme à son bureau

je suis la pluie

et je ris.

Une moitié de la terre enveloppée de noir.
En vérité, c'est le paravent du soleil qui a cette couleur
et celle-ci se reporte sur la terre.
Il est temps pour le soleil de se mettre en short
pour commencer son cross autour de notre planète.
Une fois arrivé il va enlever son paravent
et s'allonger pour faire des abdominaux.
Ensuite il recommencera sa course autour de la terre
et toujours, toujours c'est pareil.
Mais un jour le soleil en aura marre
et il partira vers une autre galaxie.

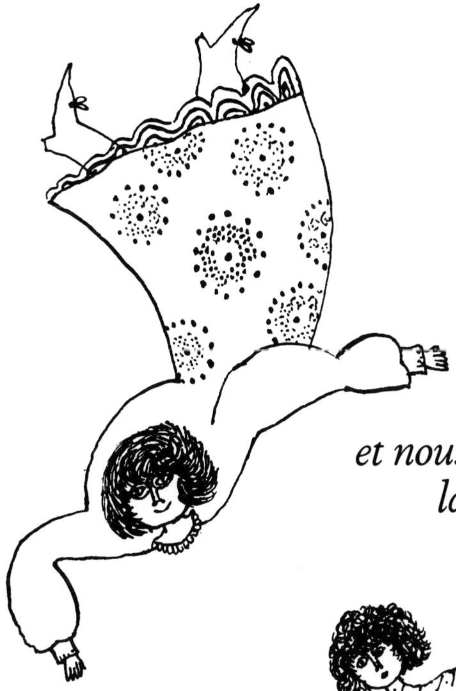

J'ai un ami
avec qui je joue au ballon
j'ai un copain
avec qui je mange
des bonbons
tous les trois
sous un champignon
nous formons
la végétation
et nous regardons à la télévision
la vie des poissons.

Nuit noire. Les astres font briller l'herbe et les arbres.
Une large avenue descend. Horrible intimité de ces planètes
sur lesquelles il ne vient pas à l'esprit l'idée que je puisse poser pied.
Tout au fond, tout en bas, c'est un trou noir d'encre.
D'autres mondes encore.
Un petit bonhomme monté sur un nuage descendait l'avenue bordée d'astres blancs. Son nuage caracolait et il se sentait balancé d'avant en arrière, délicieusement. Une à une, les planètes défilaient ; blanches. Subitement, un vent tourbillonnant enleva ce couple étrange de sa droite ligne, et il fut projeté inconsidérément au pied d'un monde.
Le regard du petit bonhomme ne put s'empêcher de sauter dans ses yeux. Le nuage eut un rapide mouvement de recul.
Ils se mirent tous deux à trembler ; leurs sens leur étaient révélés.
Devant eux, en une explosion délirante, une masse fétide grouillait.
Fasciné, le petit bonhomme sentit son être s'emplir de la puanteur

gluante de cette boursouflure informe. La matière en torture bouillonnait et ils étaient agrippés. Enfin, le nuage parvint à se détacher de cette abominable emprise.
Poussé par un vent de panique, il fila, fila, entraînant dans sa course le petit bonhomme qui tombait presque à la renverse. Il ralentit bientôt, et... Non point agressive cette fois, une nouvelle sensation s'empara d'eux.
Le petit bonhomme sentit la pupillle de ses yeux s'agrandir, s'agrandir devant l'intense magnificence des formes et de la couleur.
Ils passaient à présent auprès d'un assemblage fantastique de perfection, de pureté. Ces extrêlégèretés les envolaient, les enroubillonnaient, et tout ce que les mots pouvaient en dire les anéantissait. La promenade était splendide de force et de fragilité.
Un peu plus loin, une vibration mirifique les fit tanguer, se tendre, puis virer vers la droite. La tête du petit bonhomme bourdonnait déjà du truchement des sons. Une clarté musicale, infiniment fragile, délicate, les ébahit. La rencontre des sons.
Très lentement, le petit bonhomme et le nuage firent le tour de l'astre de musique. Ils s'enfoncèrent dans un couloir enrobé de rondeurs, balancés d'avant en arrière, calmes.

Mais ! Une déflagration de blancheur...

Tombent.

Tombent.

Tout au fond, tout en bas, c'est un trou noir d'encre.
D'autres mondes encore.

Voyage dans le système solaire

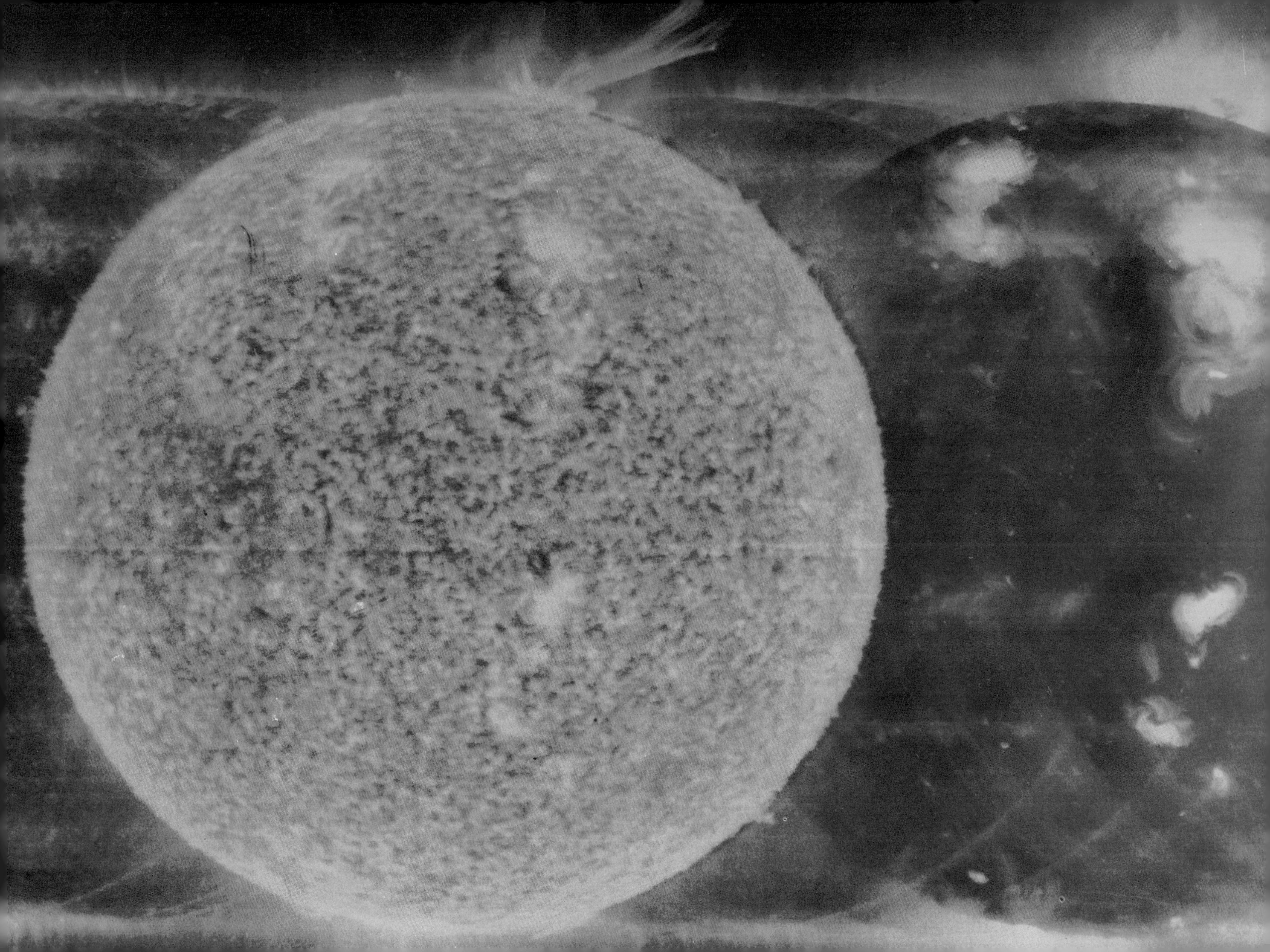

L'ensemble des planètes, de Mercure à Pluton, se dispose dans un volume en forme de disque, autour du soleil. Ce disque a un rayon d'environ six heure-lumières. Il est assez plat : les orbites planétaires sont, à peu de chose près, dans le même plan (on dit « coplanaires »). Ce plan coïncide avec celui de la nébuleuse gazeuse et poussiéreuse qui a donné naissance au système solaire, il y a quatre milliards six-cents millions d'années.

On demande souvent : pourquoi les orbites ne sont-elles pas exactement dans le même plan ? Servons-nous de notre imagination : un gaz ne se comporte pas comme un solide. En plus de son mouvement d'ensemble autour de l'axe central, la nébuleuse gazeuse est constamment agitée par des mouvements turbulents. Les objets planétaires qui s'y forment garderont une certaine mémoire de cette agitation originelle. Les orbites sont d'une part *à peu près* coplanaires à cause de la rotation initiale et d'autre part elles ne sont pas *exactement* coplanaires, à cause de la turbulence initiale.

Au-delà du disque planétaire s'étend l'immense domaine des comètes. Il se prolonge jusqu'à près d'une année-lumière de notre soleil. Les distances jusqu'aux étoiles les plus rapprochées (Proxima du Centaure, Alpha du Centaure) sont à peine quatre fois plus grandes. Les comètes subissent leur influence attractive.

Contrairement aux planètes, les comètes ne sont pas confinées à un disque spatial. Leurs orbites occupent un volume sphérique ; elles ont toutes les inclinaisons possibles par rapport au plan des planètes. Pourquoi cette différence ? Est-ce que les étoiles voisines provoquent cette situation par le fait de perturbations gravitationnelles qu'elles engendrent ? Ces perturbations se sont-elles surtout exercées à l'origine du système solaire, quand le Soleil vivait encore au sein de l'amas natal et que ses frères étaient encore très rapprochés ? Peut-être ... nous ne savons pas vraiment.

Au cours des pages qui suivent, nous allons faire un grand voyage dans le système solaire. Nous allons utiliser les documents photographiques que les satellites de la Nasa nous ont retransmis, pour visiter chacune des planètes. Certaines caractéristiques communes à plusieurs objets ne manqueront pas d'attirer notre attention.

Pour les comprendre et les apprécier, je vais vous présenter maintenant certains éléments importants de l'histoire ancienne de notre cortège planétaire.

Parlons d'abord de la chaleur. Au sein des nébuleuses interstellaires, il fait froid, très froid. Les températures se mesurent en dizaines de degrés absolus (environ moins deux-cents degrés centigrades). Pourquoi les planètes se réchauffent-elles ? Il y a en fait deux sources de chaleur : d'une part il y a la chaleur dégagée par l'accumulation rapide des poussières et par les collisions des solides qui se sont compactés pour engendrer chacune des planètes. Elle produit une température suffisamment élevée pour fondre les pierres en laves incandescentes, surtout vers la fin de la période d'agrégation. D'autre part, il y a la radioactivité naturelle contenue dans les poussières interstellaires. Cette radioactivité dégage une chaleur qui, peut-être, est importante. Nous n'en sommes pas sûrs.

Les sources de chaleur seront d'autant plus efficaces que l'objet planétaire sera volumineux.

Les objets, dont le diamètre est inférieur à quelques dizaines de kilomètres, n'ont jamais

Mercure

Trois vues de la planète Mercure. La surface est sèche, aride, sans atmosphère. Le relief nous apparaît avec une très grande précision. Mercure, trente fois plus petite que la terre, n'a jamais été très chaude et s'est refroidie très tôt. Depuis sa formation, elle s'est contentée d'enregistrer les chutes de pierres tombant du ciel (météorites). Chaque cratère nous rappelle la brutalité des collisions interplanétaires.

été suffisamment chauds pour fondre. Le peu de chaleur qu'ils ont accumulée s'est rapidement dissipé dans l'espace.

A l'inverse, si le diamètre dépasse le millier de kilomètres, le corps fond plus ou moins intégralement. Il reste dans cet état jusqu'à ce que la chaleur se soit suffisamment échappée. Le refroidissement sera d'autant plus lent que le corps sera massif. *L'évacuation de cette chaleur initiale est, en quelque sorte, le moteur qui fait « vivre les planètes ».*

Un autre élément est important : l'atmosphère. D'où viennent les atmosphères ? On a de bonnes raisons de croire que les minuscules poussières interstellaires, aperçues par exemple autour de Meropee (page 22 en haut), sont constituées d'un noyau rocheux enveloppé d'une couche de glace. Cette glace est un mélange d'eau, de neige carbonique, de méthane et d'ammoniaque.

Quand les poussières s'accumulent en avalanche, les glaces fondent. Les gaz, qui résultent de cette fonte, restent prisonniers de la pierre liquéfiée (si la planète est massive). Quand la surface se refroidit et se solidifie, ces substances sont éjectées par des myriades de cratères volcaniques, mêlées à de la roche en fusion.

Ces gaz s'échapperont dans l'espace ou seront capturés sous forme d'atmosphère.

Deux facteurs sont décisifs quant à ces alternatives : la masse de la planète et la distance au soleil.

Si le corps céleste est loin du soleil, il reçoit peu de chaleur et de lumière. Les gaz éjectés se refroidissent rapidement et pourront rester captifs, même si la planète n'est pas très grosse.

C'est le cas par exemple de certains satellites de Jupiter. Notre Lune, à l'inverse, plus massive que ces satellites, mais aussi plus près du soleil, ne retient aucune atmosphère.

Le troisième élément important réside dans les innombrables collisions de bolides à la naissance du système solaire. Elles ont beaucoup contribué à modeler le relief des planètes. Sous l'impact, le sol se liquéfie et jaillit dans toutes les directions. Puis, les pierres se figent, formant un cratère. Sans atmosphère et donc sans érosion, la surface de la planète Mercure, représentée ici (pages 68 et 69), gardera indéfiniment la mémoire de ces chocs, si nombreux qu'en certains endroits leurs traces se recoupent.

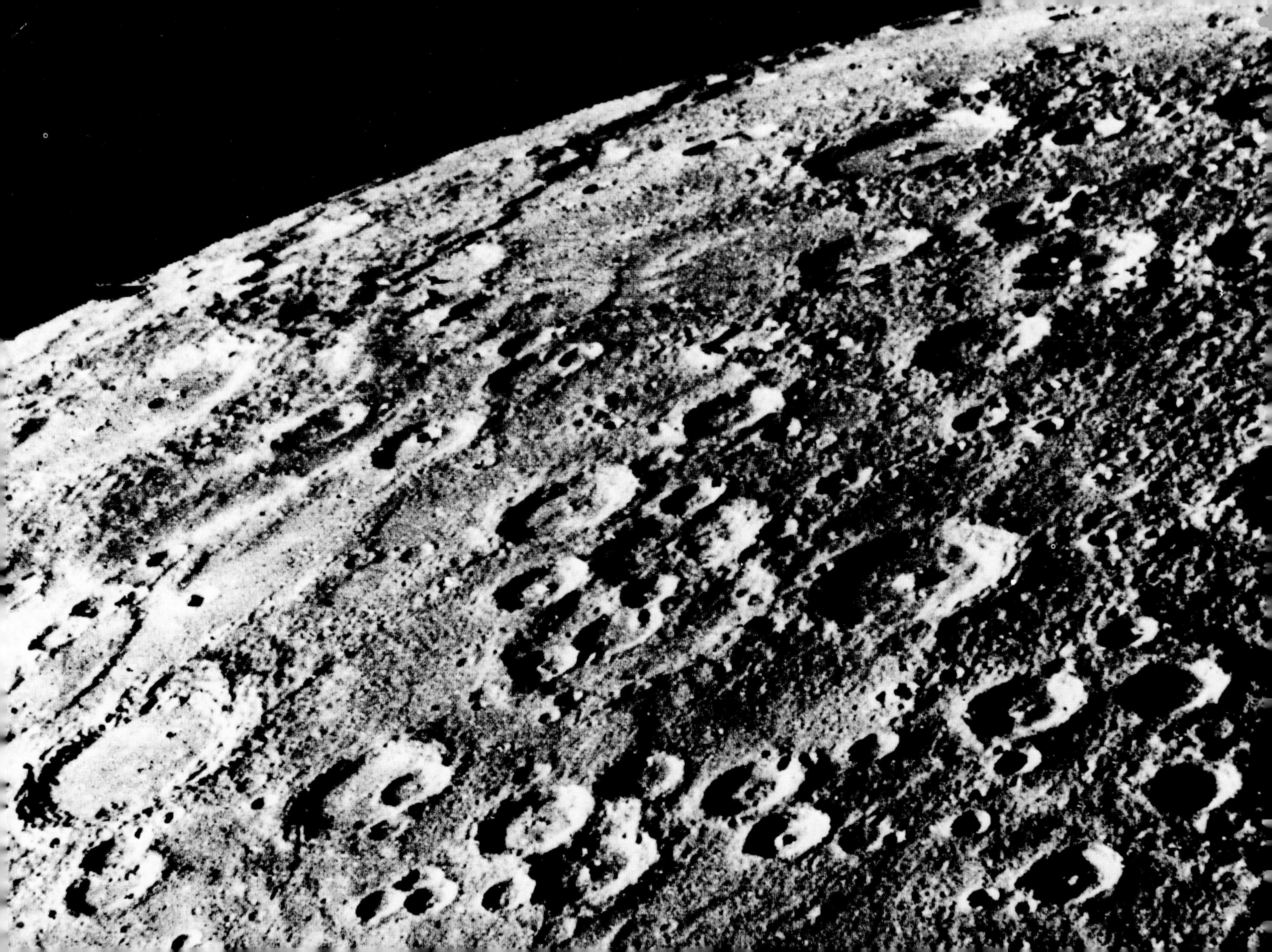

Vénus et la Terre

A beaucoup de points de vue, la Terre et Vénus se ressemblent. Leurs masses sont très voisines (la terre est un peu plus massive) et elles ont toutes deux une atmosphère importante.

La photo de la page 70 a été prise de la capsule spatiale Apollo 12 en direction de la Lune.

C'est le moment où le Soleil, vu de la capsule, passe derrière le disque terrestre. La lumière solaire est diffusée par l'air. Toute la couche atmosphérique s'illumine. On remarque comme celle-ci est mince (moins de cent kilomètres) par rapport aux six mille kilomètres du rayon.

L'atmosphère de Vénus est quatre-vingt fois plus dense. Elle est opaque et nous cache entièrement le tracé du relief au sol. Le dessin des nuages vénusiens (page 73) nous renseigne sur la circulation des masses gazeuses mises en mouvement par la rotation de la planète.

La photo de la page 72 montre, vu de satellite, l'aspect d'un grand ouragan sur l'Atlantique Nord. On note la ressemblance avec les cyclones quasi-permanents qui entourent les pôles de Vénus.

Pourquoi l'atmosphère de Vénus est-elle tellement plus dense que celle de la Terre ? En fait, il nous faut prendre en considération la présence sur la Terre d'un océan d'eau à l'état liquide qui n'existe pas sur Vénus. A l'aide d'un bilan exact (tenant compte des mers et des pierres calcaires qui s'y sont déposées), il est possible de démontrer que les atmosphères initiales des deux planètes devaient être assez semblables.

La Terre se trouve plus loin du Soleil que Vénus. Elle reçoit un peu moins de chaleur. L'eau a pu se condenser en liquide, les mers se former et le gaz carbonique se déposer en pierres calcaires. Sur Vénus toutes les substances dégorgées par la planète refroidissante sont restées à l'état gazeux. En cela consiste, semble-t-il, toute la différence des atmosphères.

A cause de l'opacité, nous avons peu de renseignements sur le sol vénusien. Les études au radar, ainsi que les sondes déposées récemment sur le sol, ont montré l'existence de cratères et de montagnes importantes.

Notre planète, la Terre, est le type même de la planète activée par son feu intérieur. Nous savons que pendant le premier milliard d'années de son existence, elle était largement fluide. La première croûte s'est formée à la fin de cette période.

Ballotés par les grands mouvements de convection qui se passent dans le manteau terrestre, les continents, loin d'être fixes, se baladent dans tous les sens, et s'entrechoquent avec une grande violence.

Tous les accidents du relief qui nous sont familiers, chaînes de montagnes, océans, fosses profondes, sont le résultat de cette ébullition de la matière terrestre.

On l'a vu plus tôt, plus une planète est massive, plus la chaleur initiale est grande et plus le temps de dissipation de cette chaleur se prolonge. Après 4,6 milliards d'années, la chaleur résiduelle de la Terre est encore assez importante pour entretenir l'ébullition qui agite les continents et active les volcans.

La Terre entourée de son atmosphère

Les astronautes d'Apollo 12 ont photographié le Soleil au moment où, par rapport à eux, il passait derrière la Terre. Brusquement, la couche d'air s'est fort joliment illuminée.

Cette même agitation centrale est responsable du champ magnétique de la terre. Des mouvements de pierre visqueuse, légèrement chargée électriquement, engendrent ce magnétisme qui oriente nos boussoles.

Vénus, à l'inverse, n'a presque pas de champ magnétique. Pourquoi ? Sans doute devons-nous faire intervenir ici la vitesse de rotation qui joue un rôle important dans l'intensité du magnétisme. Vénus tourne deux cent fois plus lentement que la Terre (probablement à cause des marées induites par le Soleil). Cette faible rotation pourrait expliquer l'absence de magnétisme. Mais ceci est encore incertain. Il nous faut beaucoup mieux explorer Vénus, voilée par une atmosphère trop opaque…

Un ouragan sur l'Atlantique Nord
(à gauche)
Les ouragans terrestres, qui naissent généralement sous les tropiques, mettent en mouvement circulaire de vastes quantités d'air et de nuages.

Vénus et sa dense atmosphère
(à droite)
On retrouve sur Vénus les mêmes tourbillons, amplifiés à l'échelle de la planète toute entière.

La Lune

Un paysage lunaire

L'expression « paysage lunaire », souvent utilisée comme comparaison, trouve ici son illustration véritable. Cette photo a été prise par les astronautes de la NASA au fond d'une « maria ». Au loin, on aperçoit des chaînes de montagnes en pentes douces qui bordent ce cratère d'origine météoritique.

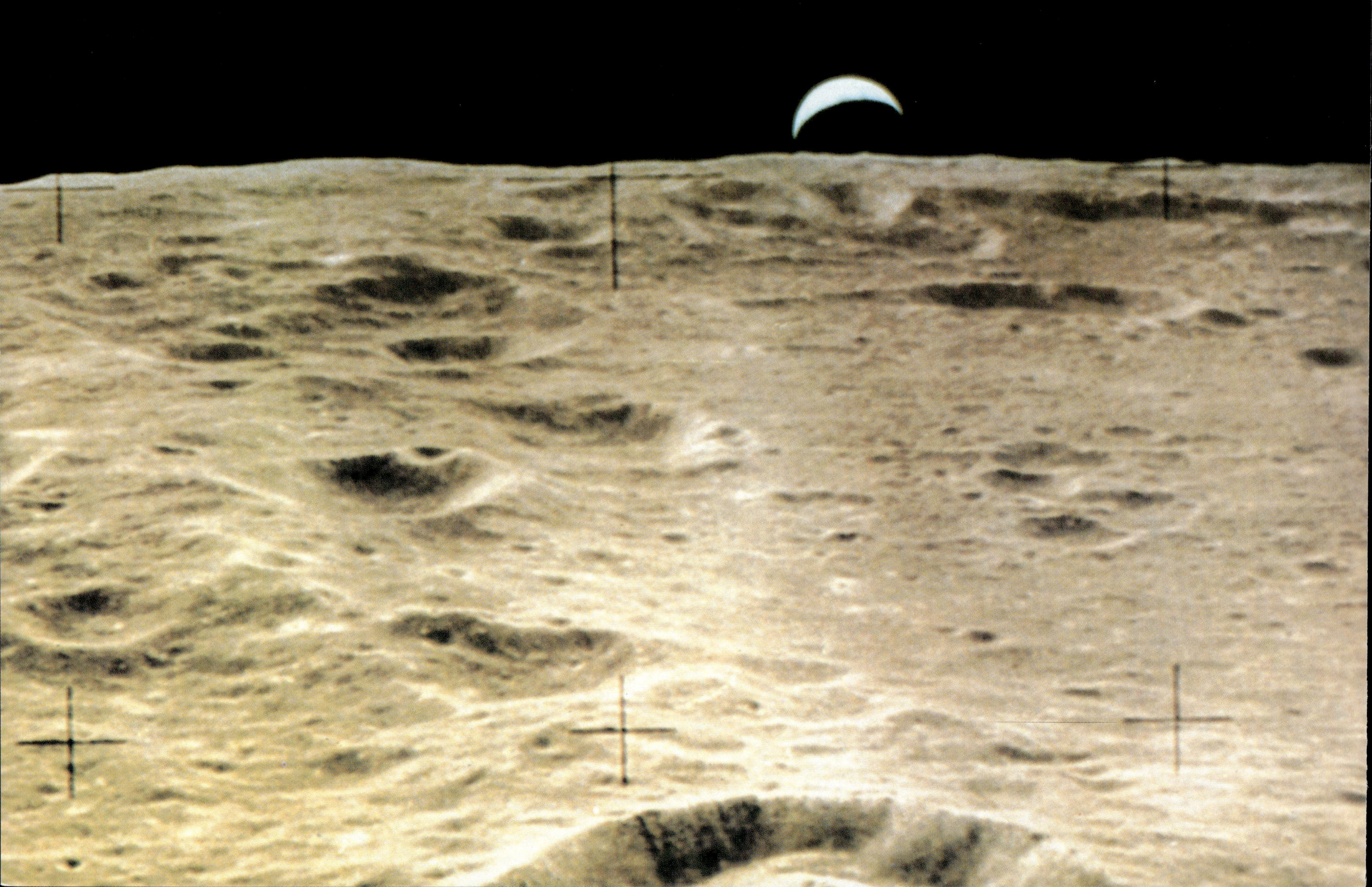

LA Terre, vue de la Lune, est treize fois plus grande que la Lune vue de la Terre. Elle est beaucoup plus brillante. Tout au long d'un mois, elle présente un jeu de « phases » : nouvelle terre, demi-terre, pleine terre, tout comme notre satellite.

Ici, page 76, un croissant de terre se lève sur un paysage lunaire. Le ciel est parfaitement noir. Cette couleur ne doit pas nous surprendre car il n'y a pas d'air pour diffuser la lumière du Soleil et ainsi créer la voûte d'azur, chère aux terriens.

Le sol présente un aspect tout à fait semblable à celui de Mercure. Le relief est entièrement modelé par les cratères provenant des impacts météoritiques. On en voit partout, souvent encastrés les uns dans les autres.

La Lune a eu une histoire thermique assez brève. Sa chaleur initiale, peu élevée, fut évaporée en quelques centaines de millions d'années. Les marques du visage humain, les yeux, le nez, la bouche, que l'imagination associe au relief lunaire (les Anglais y voient un lapin...), sont dûes à d'immenses cratères qui se sont remplis de lave en provenance des profondeurs encore fluides, vers la fin de cette période (page 75).

Comment savons-nous cela ? En datant les pierres lunaires ramenées en laboratoire. Les morceaux des montagnes ont 4,6 milliards d'années. Ils se sont donc solidifiés très tôt. Mais les échantillons choisis au fond de ces grands cratères (appelés aussi « maria ») ont moins de 4,3 milliards d'années...

Sans atmosphère et sans océan, le relief lunaire ne subit pratiquement aucune érosion. Il se contente d'enregistrer et d'accumuler les chocs des bolides qui lui arrivent de l'espace.

En plus des cratères, ceux-ci provoquent, quand ils sont particulièrement violents, des failles, qui nous apparaissent comme de longs serpents dans la pierre. On en voit plusieurs autour du cratère d'Ératosthenes (page 78) photographié par le module d'Apollo 17 en orbite autour de la lune. Ces failles serviraient ensuite de soupapes d'échappement aux substances gazeuses encore captives dans le corps de la planète (pages 78 et 79 à droite).

Le seul agent d'érosion lunaire semble être le vent solaire (page 38). Sur notre terre, le vent solaire n'arrive pas au sol. Nous sommes abrités à la fois par notre atmosphère et par notre champ magnétique. La lune ne possède ni l'un, ni l'autre. Le vent la frappe en pleine figure. Il a pour effet d'effriter lentement les surfaces rocheuses. Cet effritement engendre une fine poussière, qui se dépose sur le sol.

Les photos des explorations lunaires montrent les traces de pas, laissées par les bottes des astronautes (page 74). Heureusement pour eux, la couche de poussière ne dépasse guère quelques centimètres d'épaisseur...

La photo de la page 74 est prise du fond d'une maria. Les montagnes à l'horizon sont les bords de ce vaste cratère.

Les énormes pierres qui jonchent le sol nous donnent une image des bolides qui sillonnaient l'espace au début du système solaire.

Lever de Terre sur la Lune

Le sol est littéralement labouré par les innombrables chutes de pierres en provenance du ciel (météorites). A l'horizon, son croissant de Terre se lève. Les six croix sont des repères photographiques.

L'origine de la Lune

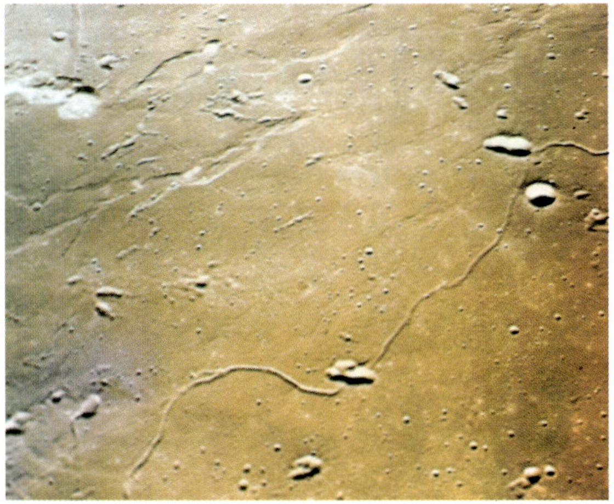

On a longtemps cru que la Lune était un morceau de la Terre, qu'elle avait été arrachée à notre planète et que l'Océan Pacifique représentait la grande cicatrice circulaire laissée par cette gigantesque opération.

Les astronomes d'autrefois ne pensaient pas à remettre cette théorie en question car ayant indirectement découvert que la Lune s'éloigne très lentement de la Terre, ils en concluaient, logiquement, que c'était le prolongement de cette ablation. Les astronomes d'aujourd'hui sont d'un avis très différent : c'est l'étude du phénomène des marées et l'analyse des pierres lunaires qui les ont fait changer d'opinion.

On sait que les marées sont dues sur terre au champ de gravitation de la Lune qui soulève les océans terrestres : deux fois par jour, les eaux envahissent les plages et montent le long des rochers.

On a récemment découvert qu'à l'appel de la Lune les continents, eux aussi, se soulèvent de quelques centimètres et qu'un bourrelet rocheux se déplace autour du globe.

Or, on sait que la Terre exerce réciproquement une tension sur la Lune mais beaucoup plus puissante à cause de sa plus grande masse.

En fait ces marées sont si intenses qu'elles ont réussi à bloquer la rotation de la Lune et à la forcer à nous présenter toujours la même face !

Or, dans l'hypothèse d'une éjection de la lune par la terre, cette formidable puissance de la terre aurait fait des ravages au moment de la séparation. Imaginez par exemple la période où la Lune fraîchement éjectée était encore proche de la Terre. Les tensions de marées auraient été si puissantes que la Lune aurait éclaté en milliards de cailloux.

Ces cailloux se seraient disposés en orbite autour de la Terre, ils auraient formé d'immenses anneaux semblables à ceux de Saturne et d'Uranus. Cette conclusion nous force à penser que la Lune n'a jamais été très voisine de la terre et donc qu'elle n'en a jamais été éjectée.

L'analyse des roches lunaires rapportées sur la terre par les explorateurs spatiaux confirme cette opinion.

Contrairement à la Terre, la Lune est extrêmement sèche : non seulement il n'y a pas d'eau liquide mais il n'y a pas d'eau dans les roches elles-mêmes. Les roches terrestres incorporent une quantité plus ou moins grande de molécules d'eau. Cette eau ne s'évapore pas quand la pierre sèche. Pour l'extraire, il faut chauffer la pierre pulvérisée, à très haute température. Soumises au même traitement, les pierres lunaires ne laissent échapper ni vapeur d'eau ni aucune des substances volatiles que notre sol contient. Là où la Lune s'est formée il n'y avait pas d'eau liquide, cette absence peut être due à une haute température ambiante.

Ce que nous savons de Mercure nous incite à croire que cette planète doit être elle-même dépourvue d'eau, vraisemblablement à cause de sa proximité du Soleil et de la température que celui-ci fait régner à sa surface.

D'où vient la lune? Quelle est son origine? On pense aujourd'hui qu'elle a été engendrée par la collision d'une planète avec notre Terre, au premier temps du Système Solaire. Sous la violence du choc, une grande quantité de matière aurait été éjectée dans l'espace, formant une sorte d'«anneau terrestre». Plus tard, la matière de cet anneau se serait compactée pour donner naissance à notre satellite.

Aspects du sol désertique et aride de notre satellite

Mars

LA planète Mars est environ dix fois plus petite que la Terre et environ dix fois plus grosse que la Lune. A différents points de vue, nous pourrions dire qu'elle est à « mi-chemin » entre les deux.

Regardons la photo de la page 84. On y voit des cratères, mais en quantité moindre que sur la Lune ou sur Mercure. On y voit aussi des espèces de continents, mais, en l'absence d'océan (comme sur la Terre), ils apparaissent de manière moins évidente. Le canyon que l'on aperçoit sur la photo de la page 82 est une gigantesque faille, bien plus grande que celle du Colorado.

Mars possède des volcans. Il y en a peu, mais leur taille est démesurée par rapport aux nôtres (Nix Olympia atteint vingt-cinq kilomètres de hauteur, alors que nos plus hautes montagnes n'en dépassent pas dix...)

Les études du relief martien montrent une certaine mobilité des continents, semblable mais beaucoup plus faible, que sur la Terre.

Tout cela est assez conforme au principe de la « machine thermique ». Mars, à sa naissance, a reçu plus de chaleur que la Lune mais moins que la Terre. Alors que sur la Lune cette chaleur initiale s'est entièrement dissipée depuis longtemps, alors que sur la Terre le flux calorifique encore abondant, alimente généreusement la machinerie des continents, montagnes et volcans, ici, sur Mars, tout marche encore mais au ralenti, avec parcimonie et difficulté. La machine, à bout de souffle et exsangue, semble s'encrasser.

Nous pourrions comparer les volcans aux soupapes de la chaudière intérieure. Quand tout fonctionne bien, les soupapes s'activent à la moindre alerte et contrôlent parfaitement la situation.

Pour la planète entière (mais pas forcément pour les habitants des villages situés près des cratères), tout est au mieux. Au contraire, quand la machine interne est mal lubrifiée, les volcans sont rares. La tension monte. Quand elle se libère, les effets sont spectaculaires. Ainsi est-on tenté d'interpréter l'existence des volcans et des canyons géants du relief martien...

Mars possède une atmosphère très mince (cent fois plus mince que celle de la Terre). Aucun liquide n'apparaît aujourd'hui, mais il semble bien qu'il y en ait eu. Il suffit de regarder les flancs ravinés du canyon (page 82) pour s'en convaincre. Il est aisé d'imaginer des torrents d'eau (ou d'autres substances liquides) dévalant les pentes et creusant des fissures profondes.

Où sont maintenant ces liquides ? Sont-ils bloqués sous le sol, gelés en strates de permafrost ? Il est difficile de le savoir. Poussées par des vents puissants, des nappes de sable recouvrent de vastes surfaces de la planète (page 80) et nous masquent le sous-sol.

Regardons en page 85, un coucher de soleil sur la planète Mars. Le rouge du sol est encore accentué par les derniers rayons horizontaux (les cercles concentriques ne sont pas réels ; ils sont dus à l'insuffisance de la télémétrie). En bas, à droite, on aperçoit une partie de la sonde Viking, d'où cette photo a été prise.

Canyon géant à la surface de Mars

Cette faille s'étend sur cinq mille kilomètres de long et sa profondeur atteint six kilomètres. Le grand Canyon du Colorado a une longueur d'environ cent kilomètres et une profondeur de moins de deux kilomètres.

En route vers Mars
(à gauche)

Mars la Rouge porte bien son nom. En haut, à gauche, une région de cratères ; en bas, des failles, comme de larges égratignures à même le sol. Ici, le paysage est varié.

Coucher de soleil sur Mars
(à droite)

La sonde Viking de la NASA s'est posée sur le sol. Elle photographie le coucher de Soleil. Comme sur la Terre, l'atmosphère, quoique beaucoup plus mince, décompose les rayons solaires. Le caractère discontinu de l'image n'est pas réel ; il provient des imperfections de la télémétrie.

Jupiter

JUPITER est la plus grosse planète du système solaire. On dit souvent qu'elle est presqu'une étoile, ou encore qu'elle est une étoile ratée. Qu'est-ce que cela veut dire ?

Quelle est la différence entre une étoile et une planète ? Une étoile brille par elle-même ; une planète se contente de réfléchir la lumière qu'elle reçoit d'une étoile.

Pour briller, il faut qu'une étoile soit chaude. Sa surface doit avoir une température de plusieurs milliers de degrés et son centre, plusieurs millions de degrés. Pour atteindre de telles températures, cette étoile doit être massive. En effet, au cœur d'une étoile dont la masse représenterait moins d'un centième de la masse solaire, les réactions nucléaires seraient pratiquement inexistantes, et l'énergie libérée quasi-nulle. Telle est, approximativement, la limite entre planètes et étoiles.

Jupiter, la planète géante

La voici, telle que photographiée en 1979 par la sonde Voyager I de la NASA. On voit également deux de ses satellites, l'un en haut et l'autre au-dessus du disque planétaire.

Jupiter est mille fois moins massive que le Soleil, elle est donc nettement en dessous de la barre. Pourtant elle engendre de l'énergie, à peu près deux fois plus qu'elle n'en reçoit du Soleil. A l'échelle stellaire, son débit est extrêmement faible. Sa source énergétique n'est pas nucléaire. Elle est probablement d'origine chimique. On n'en est pas très sûr.

Comme pour Vénus, on ne voit de Jupiter que son atmosphère. La planète est-elle entièrement gazeuse jusqu'au centre ? Ou bien possède-t-elle un socle rocheux bien enfoui sous les nuages ? De l'extérieur, il est impossible de se prononcer. Mais nos connaissances plus générales des caractéristiques d'ensemble du système solaire nous amènent à penser qu'il y a, au centre, un noyau rocheux semblable à celui de la terre, par exemple.

Au-dessus de ce noyau, l'atmosphère, dense et opaque, s'élève sur soixante-dix mille kilomètres de hauteur. Nous apercevons sa surface dans les photos des pages 88, 92 et 93. Composée surtout d'hydrogène et d'hélium, cette masse gazeuse contient, en suspension, de minuscules cristaux de méthane et d'ammoniaque.

Les larges bandes beiges qui encerclent Jupiter illustrent le mouvement des vents amorcé par la rotation de la planète. Ces vents entraînent avec eux les nuages colorés par les cristaux de glaces.

Visible comme « le nez au milieu de la figure », la grande tache rouge se situe dans l'hémisphère sud, pas très loin de l'équateur. Elle a été aperçue pour la première fois par Galilée, quand il a dirigé vers Jupiter le télescope construit par le hollandais Leuvenhoek. Depuis, elle est toujours là. Qu'est-ce que c'est ? Les hypothèses ne manquent pas. Sa nature précise reste mystérieuse. Il s'agit vraisemblablement d'un gigantesque cyclone s'étendant très profondément dans l'atmosphère. Les photographies télémétrées en 1979 par la sonde Voyager I tendent à confirmer cette hypothèse (pages 92 et 93). On a l'impression d'observer le cœur d'un maelström profond. Les masses de gaz coloré, filmées tout au long de l'approche du satellite, manifestent une rotation plus rapide au centre que sur les bords, comme, par exemple, l'eau qui s'échappe par le trou de l'évier.

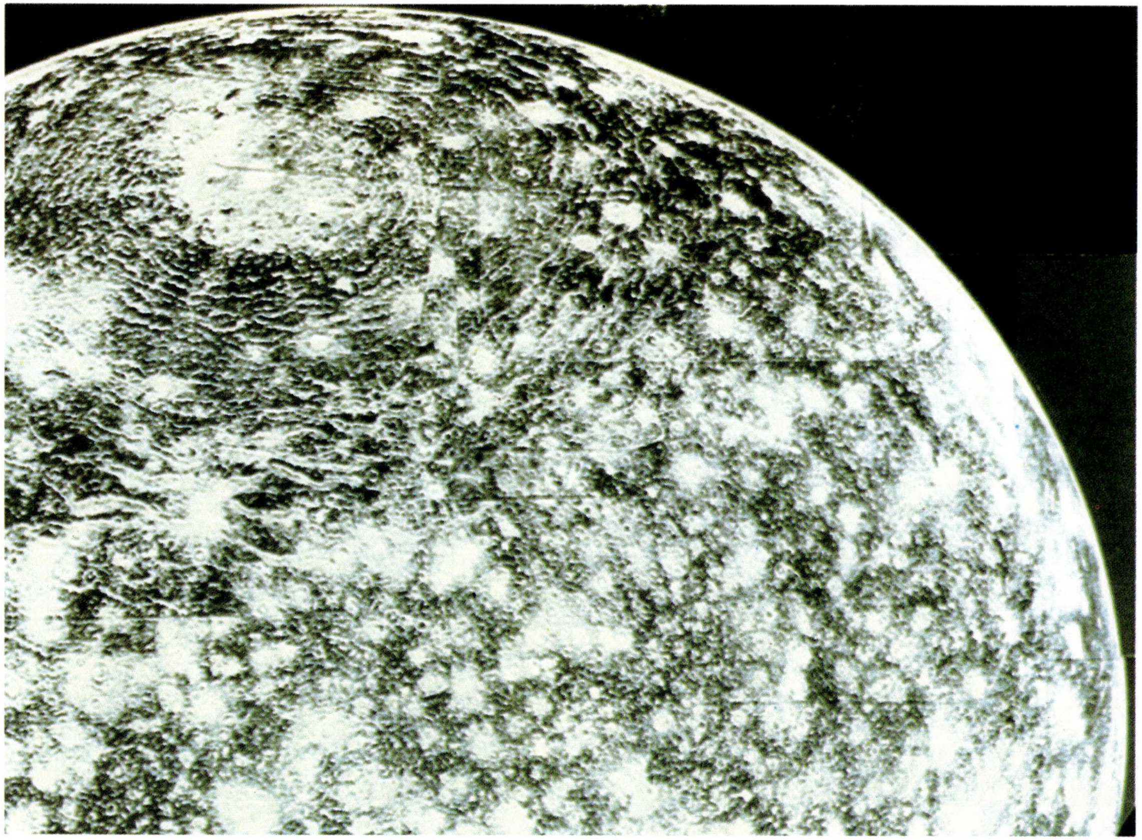

Jupiter possède un champ magnétique d'une très grande intensité. Les lignes de forces de ce champ occasionnent des éruptions et des orages qui rivalisent avec ceux de la surface solaire. Comme ceux-ci, ils provoquent l'accélération et l'éjection de vastes flux de particules rapides qui se propagent dans tout le volume du système solaire.

Autour de Jupiter circulent une douzaine de satellites, de tailles différentes. Les quatre plus gros furent, comme la tache rouge, découverts par Galilée. C'est en étudiant avec précision leur mouvement que Roemer parvint à mesurer, pour la première fois, la vitesse de la lumière (selon les positions respectives de la Terre et de Jupiter, la lumière met entre trente et cinquante minutes à nous parvenir).

Voyager I a photographié, tour à tour, ces quatre satellites : Io, Europa, Ganymède, et

Callisto, satellite de Jupiter

Comme notre lune, ce satellite est criblé de cratères météoritiques. Les cercles concentriques, plus ou moins réguliers en haut à gauche, furent occasionnés par un impact particulièrement violent. Ce satellite est largement constitué de glaces.

Paysage d'enfer : le satellite Io

Le soufre est un élément très abondant à la surface d'Io, quatrième satellite de Jupiter. Le jaune et le rouge en sont les formes solides alors que le noir représenterait de vastes lac de soufre liquide. Sur les deux pages suivantes, des vues détaillées de la grande tache rouge de Jupiter. Ajoutez-y, en imagination, de grands mouvements de rotation et de turbulence.

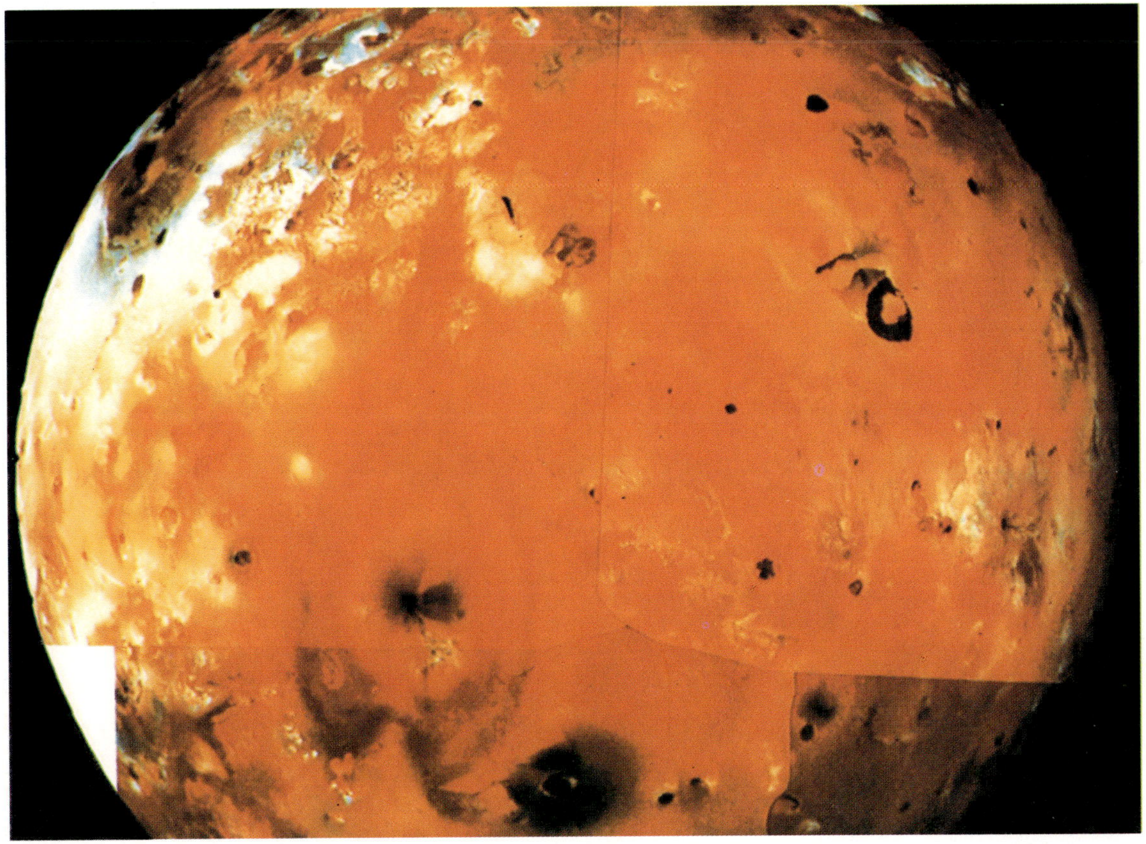

Callisto. Quelle ne fut pas la surprise ! L'on s'attendait à trouver des satellites morts, ternes et assez semblables les uns aux autres. En fait, il n'en est rien ! Chacun a son faciès et son coloris propres. Le plus étonnant est sans doute Io (à droite). Rouge, jaune et noir, c'est le plus coloré de tous les corps planétaires observés jusqu'ici. Loin d'être éteint, il possède une activité volcanique intense. Pendant son bref passage, la sonde américaine a dénombré plus de sept éruptions

Suivant les idées développées précédemment, Io, un peu plus petit que notre Lune, devrait être refroidi et solidifié depuis longtemps. D'où lui vient donc son intense vitalité ? Vraisemblablement du fait qu'il se trouve à une distance très faible de la massive Jupiter. Celle-ci y provoque de gigantesques marées ; ces marées, par frottement, alimentent continuellement la source de chaleur interne qui active les volcans.

Callisto (à gauche), situé beaucoup plus loin de la planète, est aussi beaucoup plus calme et froid. Son relief présente certaines analogies avec celui de notre satellite.

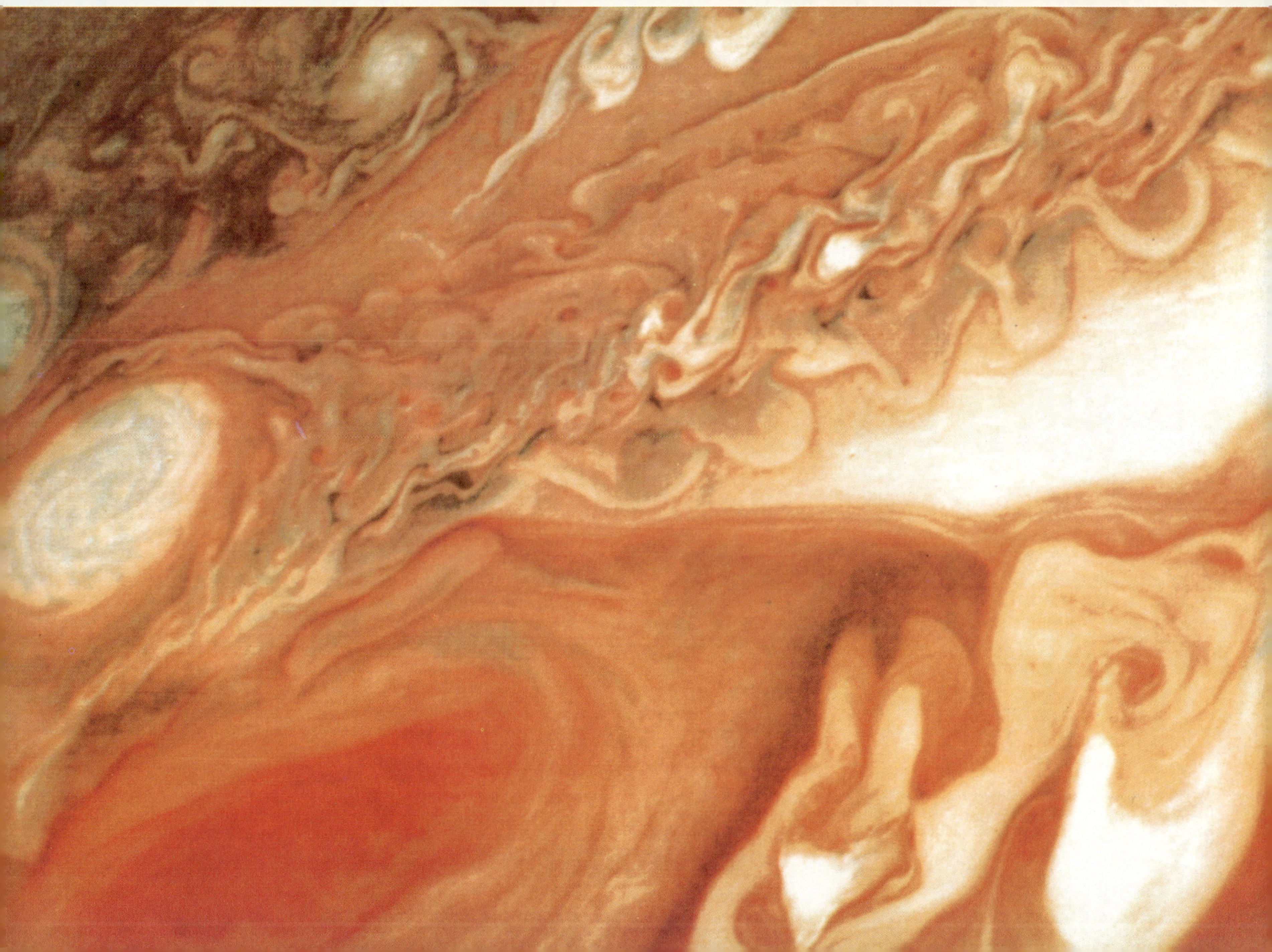

Saturne

SANS doute la plus jolie de nos planètes, Saturne est, à peu de chose près, une jumelle de Jupiter. A peine trois fois moins massive, sa constitution interne est vraisemblablement analogue : petit noyau rocheux baignant dans une atmosphère d'hydrogène, d'hélium, de méthane et d'ammoniaque. Comme Jupiter encore, Saturne émet plus de lumière qu'elle n'en reçoit du Soleil. Cela signifie qu'elle possède une source d'énergie interne.

Le phénomène le plus spectaculaire chez Saturne, est celui des anneaux qui l'encerclent délicatement au niveau de l'équateur. Ils sont constitués d'une myriade de petits cailloux indépendants qui orbitent autour de la planète, formant ainsi une ronde continue.

Saturne et ses anneaux

Cette photo fut prise au télescope du mont Palomar. Nous avons maintenant des documents beaucoup plus détaillés.

Ces anneaux sont minces. Quand ils sont très inclinés par rapport à nous, ils n'apparaissent pas entièrement opaques.

Jusqu'à ces dernières années, Saturne semblait être la seule planète à posséder des anneaux. On en a maintenant découvert autour d'Uranus, de Jupiter et de Neptune. Ceux de Jupiter sont extrêmement minces et quasi-transparents. Ils sont très difficiles à observer.

D'où viennent ces anneaux ?. Leur existence est reliée au phénomène des marées. La marée exerce des tensions d'autant plus grandes que la planète-mère est massive et que les corps en orbite autour d'elle sont rapprochés. En-deçà d'une certaine distance, les tensions arrivent à casser des objets volumineux ou, inversement, à empêcher des objets plus petits de s'agglomérer en satellite. On peut donc penser que, sans l'effet disrupteur des marées planétaires, les anneaux de Saturne, comme ceux de Jupiter et d'Uranus se seraient, depuis longtemps, agglutinés en satellites.

Au-delà du dernier anneau, neuf satellites orbitent autour de Saturne. A cet endroit, la tension de marée a passablement diminué et a permis l'existence de corps étendus.

Y a-t-il d'autres planètes habitables ?

LE programme d'études spatiales nous a amené à disposer des engins sur trois objets planétaires ; la Lune, Mars et Vénus et à photographier de près, en plus de ceux-ci, Mercure, Deimos, Phobos (les satellites de Mars), Jupiter et son cortège composé d'Io, Europa, Ganymede et Callisto, Saturne et Titan.

On peut regrouper les surfaces planétaires selon certaines caractéristiques. La Lune et Mercure se ressemblent à s'y méprendre. Sans atmosphère, leur relief nous apparaît avec une parfaite netteté. Ce qui frappe surtout, c'est l'aspect désertique et inhospitalier des lieux ; de vastes plaines rocheuses et poussiéreuses, criblées de cratères. Soumises continuellement à toute une gamme de bombardements en provenance de l'espace (rayonnements ultraviolets et X, particules rapides, poussières, météorites), sans eau et sans air, on voit mal comment la vie pourrait s'y épanouir. La stérilité du sol lunaire étudié au laboratoire n'a surpris personne. Phobos et Deimos présentent, en miniature, des conditions tout à fait semblables.

A l'autre extrême, nous avons les cas d'atmosphères planétaires si denses que, du relief, elles ne laissent rien voir. Vénus, Jupiter, Saturne, Uranus, Neptune en sont des exemples. Ici l'atmosphère joue un rôle important quant au développement éventuel d'êtres vivants car elle retient captive une partie de la chaleur solaire. Le principe est analogue à celui des serres de jardinage. La surface de Vénus, par exemple, est ainsi portée à quelques cinq cent degrés centigrades, bien au-dessus de la température où l'eau bout. Les quelques photos et écho-radars que nous possédons de la surface vénusienne nous révèlent un sol aride, des cailloux et des cratères...

La situation est vraisemblablement la même sur les planètes extérieures. A cause de leur grande distance du soleil, la surface de leur atmosphère est très froide (moins cent cinquante à moins deux cents degrés centigrades). En s'enfonçant dans la masse gazeuse, on doit rencontrer des températures de plus en plus élevées. Entre zéro et cent degrés centrigrades, la vie pourrait, en principe, se développer. Il n'est pas totalement exclu (mais bien peu probable)... qu'on y observe un jour quelques formes primitives de vie...

Mars, la Terre, ainsi que certains satellites de Jupiter et de Saturne présentent des cas intermédiaires. Il y a une atmosphère relativement mince qui permet d'observer le sol.

On a longtemps fondé de grands espoirs sur une vie martienne. En 1976, des sondes Vikings se sont déposées sur Mars. Elles ont analysé sur place, au moyen de laboratoires automatisés, le sol de la planète, pour essayer d'y apercevoir quelqu'indice de la présence d'êtres vivants.

Sur la Terre, les vivants fabriquent et disséminent à la ronde des quantités de molécules organiques. On en trouve partout. Le sol martien contient infiniment moins de ces molécules que les neiges antarctiques...

Jusqu'à nouvelle information, notre Terre est la seule planète habitée du système solaire. On attend, avec impatience, les études des planètes extérieures et de leurs satellites. Mais on n'a pas grand espoir.

Et ailleurs ? Au-delà du système solaire ? De cet incommensurable « territoire », notre connaissance est minime. Les étoiles, même les plus voisines, sont très loin. On ignore si elles possèdent un cortège planétaire, comme notre Soleil...

Ceci dit, il est probable que plusieurs en ont. Les justifications de cette opinion sont indirectes, mais nombreuses et crédibles (je ne peux toutefois les développer ici). En fait, dans notre Galaxie qui contient cent milliards d'étoiles, il peut y avoir des millions ou même des milliards de planètes comme celles de notre système solaire. Combien sont habitables ? Combien sont habitées ? Vraisemblablement beaucoup. Nous sommes bien incapables d'être plus précis.

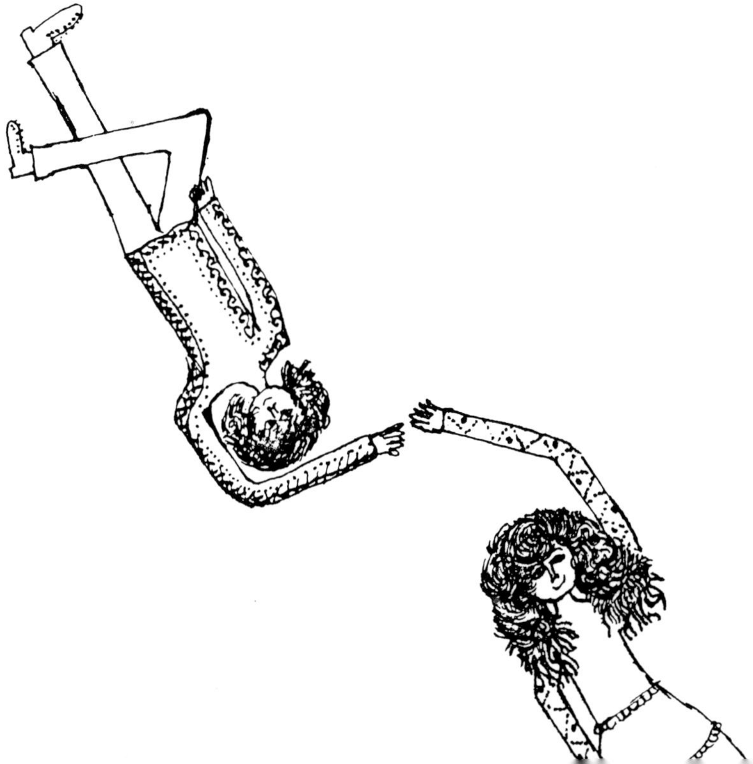

Y a-t-il des risques
que des
corps célestes
tombent
sur nos têtes ?

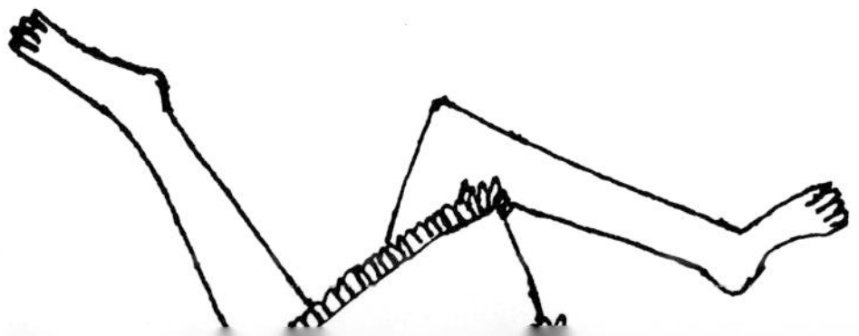

La photo de la page 102 nous montre un cratère creusé par la chute d'une météorite dans l'Arizona aux États-Unis. Les bâtiments et les parkings, à l'avant-scène, nous donnent une idée des dimensions. Ce bolide, qui pesait plusieurs tonnes, est tombé il y a quelques millions d'années.

Les surfaces de la Lune et de Mercure nous ont appris qu'au début du système solaire de telles collisions étaient extrêmement fréquentes. La Terre en a reçu sa part, mais l'érosion glaciaire et atmosphérique en a largement effacé les traces.

Progressivement, à mesure que le système solaire s'est dépeuplé au profit des planètes massives, le nombre de collisions a diminué.

Aujourd'hui, la Terre reçoit encore, chaque année, quelques centaines de météorites assez massives pour toucher le sol sans être complètement brûlées par le frottement sur l'air (c'est d'ailleurs cette fusion par frottement qui donne naissance aux étoiles filantes). La grande majorité de ces pierres tombent en des endroits inhabités (océans, steppes, jungles, déserts).

Les risques d'accidents mortels provoqués par ces chutes sont extrêmement faibles (les décès par accident de voiture sont infiniments plus nombreux). Par contre, elles représentent des événements d'excellent augure pour la recherche scientifique. Il importe de signaler immédiatement toute chute et surtout toute récupération de pierres célestes, aux laboratoires compétents (par exemple au Muséum d'Histoire Naturelle à Paris).

Il n'est pas exagéré de dire que l'étude des météorites nous a apporté autant, sinon plus, de renseignements sur l'origine et l'évolution du système solaire que tous les programmes spatiaux. Transportées au laboratoire, tranchées, analysées par toutes les techniques physiques, chimiques et minéralogiques, ces pierres constituent des mines intarissables d'observations intéressantes. Figées très tôt dans leur état actuel (elles n'ont jamais été très chaudes), ce sont des véritables musées des conditions originelles.

La photo de la page 105 présente une lame mince, extraite de la météorite Allende (tombée au Mexique, voici quelques années).

On voit ici un fragment poli d'environ un demi-millimètre de large. On l'a soumis à un faisceau d'électrons rapides. La couleur de la lumière, engendrée par cette irradiation, permet de reconnaître les minéraux dont est constituée la météorite.

L'analyse de ces minéraux a jeté un grand émoi dans toute la communauté des astrophysiciens. Elle a montré la présence d'atomes radio-actifs tout à fait inattendus. Ces atomes nous indiquent à leur tour que des étoiles ont explosé à proximité du jeune soleil en formation. Voilà un bel exemple des surprises que peut nous apporter l'étude des météorites. Puisse-t-il en tomber plus souvent...

Les météorites se sont formées dans la nébuleuse protosolaire, par l'agrégation de myriades de poussières interstellaires. Au laboratoire de minéralogie, on coupe ces pierres en lames minces, qu'on passe ensuite au microscope, pour en étudier les plus fines composantes. Sur la photo de la page 105, les zones roses sont des mini-cristaux d'un minéral appelé « spinelle », composé de magnésium, d'aluminium et d'oxygène. C'est dans ce minéral qu'on a retrouvé la marque de naissance du Soleil dans un amas d'étoiles.

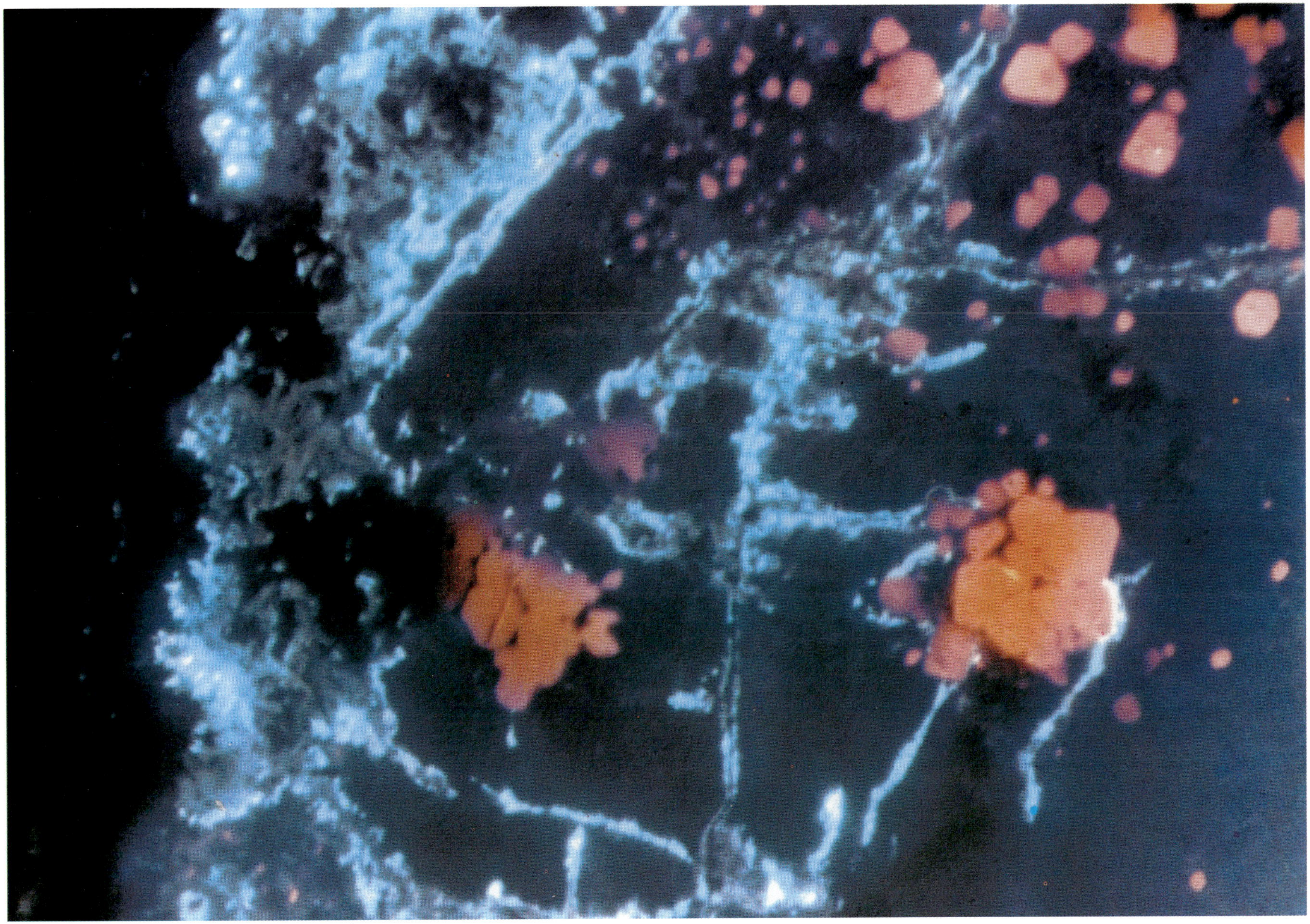

Un jour, le soleil,
un jour plus long que les autres,
un jour où il doit fournir à la terre
et aux hommes plus encore de lumière,
un jour où les nuages se sont écartés
ne lui laissant plus
la possibilité de se reposer derrière leurs nuées,
un jour où tout le monde compte sur lui
enfin un jour de juin,
il se lève de bon matin encore tout endormi.
Déjà à midi il est épuisé,
mais il ne peut pas hâter plus sa course
et à huit heures apercevant la ligne bleutée
de l'horizon marin,
il languit de s'étendre après cette dure journée
pensant qu'il lui reste deux heures encore à couvrir
brûlant les étapes comme un enfant désobéissant,
il se précipite vers la mer
laissant derrière lui de grandes traînées enflammées
à la manière d'une étoile filante ; avec un grand bruit
il plonge dans la mer, et... dans sa précipitation...
il s'y noie !

Cela se passait, il y a très longtemps, dans l'univers des planètes. Le soleil se faisait vieux et devenait de plus en plus noir. Penser que le soleil pouvait mourir me donnait des frissons. Et je n'étais pas la seule à en avoir. On voyait les gens courir dans tous les sens, comme perdus ou déroutés, des enfants pleurer, des femmes crier, des hommes appeler dans le vide ! Les voitures de police défilaient dans les rues, disant aux gens de ne pas s'affoler. Mais cela ne servait à rien, ce n'était pas un réconfort. Soudain, on entendit un grondement énorme, on vit des planètes changer d'orbites et s'écraser les unes contre les autres. Les explosions devenaient de plus en plus amples... Et c'est alors que le soleil, achevé, éclata, se divisant en de petites particules qui elles, à leur tour, se déportaient de tous les côtés, léchant de sa lave les planètes voisines. Puis la galaxie toute entière se désintégra. Voilà comment le soleil qui n'avait pas voulu mourir seul, avait détruit son royaume.

Mort du Soleil

Notre Soleil a vécu environ la moitié de sa vie. Ses réserves de carburant nucléaire lui assureront encore quelques cinq milliards d'années d'une existence paisible.

Quand, au bout de ces années, il aura épuisé son hydrogène central, la recherche de son équilibre énergétique l'amènera à quelques facéties structurales dont l'humanité risque fort d'être victime.

Tandis que son cœur va se contracter pour se réchauffer et produire plus d'énergie, son atmosphère torride va s'étendre prodigieusement dans l'espace et se refroidir légèrement pour passer du jaune au rouge. Le Soleil sera devenu une Géante Rouge, comme dans notre ciel nocturne, Capella, Antares, Aldebaran et Bételgeuse.

Pour les habitants de la terre le disque rougissant du Soleil occupera une fraction de plus en plus importante du ciel. La température moyenne de notre globe va s'accroître, les glaces polaires vont fondre, le niveau des océans va monter de plusieurs dizaines de mètres et inonder la plupart des grandes villes. Sous l'évaporation progressive des océans, l'atmosphère terrestre va s'enrichir en vapeur d'eau. Dans ce sauna planétaire la végétation tropicale, étendue à tout le globe, va d'abord connaître une explosion de luxuriance, puis mourir étouffée sous la chaleur. Déjà l'atmosphère terrestre aura commencé à s'évaporer dans l'espace où elle sera irrémédiablement perdue. Toute vie ayant disparue, la surface de la Terre prendra l'aspect désertique et désolé de notre voisine la planète Mars.

Quand le disque du Soleil occupera la moitié du ciel, les pierres elles-mêmes, portées à trois mille degrés, vont fondre. La terre sera devenue une boule de lave incandescente orbitant à faible distance du Soleil. La pierre liquide va elle-même s'évaporer et s'incorporer au ventre du Soleil. On aura alors perdu toute trace de l'existence de notre planète.

Le même sort aura auparavant été réservé à Mercure et à Vénus. La progression du Soleil s'arrêtera quelque part au voisinage de Mars, dont le sort demeure incertain. Jupiter, Saturne, Uranus,

Neptune, dépouillés de leur immense atmosphère d'hydrogène seront peut-être habitables.
Dans ce nouvel état, le Soleil vivra quelques millions d'années relativement stables, suivies d'une nouvelle période de grande agitation. Pris par un hoquet monstrueux le Soleil évacuera alors en saccades des bouffées de matière qui se répandront à des trillions de kilomètres dans l'espace.
Ces évacuations massives vont progressivement dénuder le Soleil ; le cœur dense deviendra visible comme une étoile bleu-violette. Sa lumière va illuminer toute la matière éjectée, faisant briller en vert les atomes d'oxygène en son voisinage et en rouge les atomes d'hydrogène et d'azote de sa périphérie. L'ensemble formera une « nébuleuse planétaire » comme celle d'Aquarius ou de Vulpecula.
Sous l'impact des gaz incandescents, les planètes géantes auront elles-mêmes été vaporisées et leur matière sera projetée dans l'espace avec celle de l'atmosphère solaire. Ne restera sur les lieux que l'étoile centrale devenue une naine — comme le compagnon de Sirius — dénuée de toute source d'énergie. Au cours des milliards d'années qui vont suivre, elle va se refroidir progressivement, passer du bleu au blanc, du blanc au jaune, au rouge et s'éteindre dans la nuit. Elle sera le seul vestige de l'existence de notre système solaire.

La nébuleuse planétaire d'Aquarius

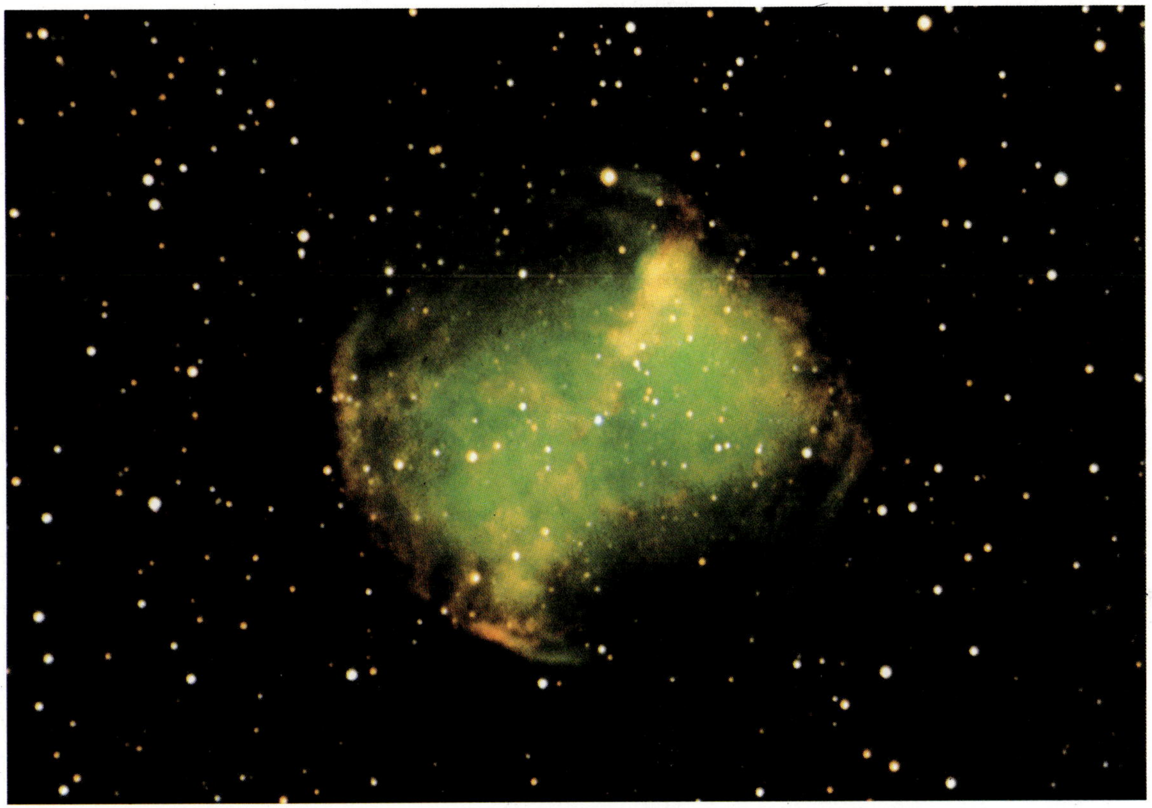

La nébuleuse planétaire de Vulpécula

Dans leur grand âge, les étoiles rejettent au loin une large fraction de leur masse. A peu près au centre géométrique des deux nébuleuses circulaires visibles sur ces pages, on peut reconnaître l'étoile vieillissante (celle de la page de droite est nettement bleue). Les masses nébulaires, éjectées de leur enveloppe, se répandent dans l'espace et se mélangent lentement au gaz galactique.

L'étoile centrale continuera pendant quelques dizaines de milliers d'années à illuminer la nébuleuse qu'elle a elle-même engendrée. Quand celle-ci aura achevé de se diluer, l'étoile, lentement deviendra une naine blanche.

Il se gonfle de chaleur et se contracte, la lave coule, lourdes gouttes de sueur, ses couleurs virent d'un brun pâle à un rouge souffrance. Son souffle est rauque, il tousse des bulles de gaz. Sa plainte se colle contre les parois de son ventre qui fond. Les flammes attrapent la poussière.
Mais elles tombent et se noient dans les plaies qui s'ouvrent. Une vague balaie des croûtes tendres, les cratères étouffent, ils respirent la fumée. Les flammes affolées désertent la surface
il vacille
il tremble
les rocs sont projetés dans le vide
il se déchire en plusieurs blocs
il est catapulté en tous sens
IL EST MORT.

Pour l'homme antique, le ciel et les étoiles étaient très proches de la Terre.
La scène de l'Apocalypse reproduite sur cette page nous fait bien revivre cette vision du monde. Le texte biblique qui l'a inspirée se lit comme ceci :
« Le troisième ange sonna de la trompette, et il tomba du ciel une grande étoile enflammée comme une torche ; elle tomba sur le tiers des fleuves et sur les sources d'eau. Le nom de cette étoile est Absinthe. Le tiers des eaux fut changé en absinthe.
« Le quatrième ange sonna de la trompette ; et le tiers du soleil fut frappé, ainsi que le tiers de la lune et le tiers des étoiles... »

Postface

JE pourrais presque dire que la rencontre de Jacques Very et de son projet est arrivée à un bon moment pour moi. Elle s'inscrivait très bien dans le cadre d'un ensemble de préoccupations qui étaient miennes depuis un certain temps, à savoir le contact et les échanges entre l'homme et l'univers. Une coupure terrible s'est produite au cours des siècles derniers. Cette coupure a créé un choc et un traumatisme profond dont personne ne s'est vraiment remis. Pire ! dont personne ne connaît le remède.

Depuis leur apparition sur la terre, il y a deux ou trois millions d'années et jusqu'au début de l'ère scientifique (disons jusqu'à la Renaissance), les hommes ont toujours vécu en étroite relation avec les cieux. Sous l'aspect de mystiques tribales ou de religions élaborées, un mode d'échange existait, qui gouvernait et décrivait entièrement les rapports entre l'homme et l'univers. Là-haut (et pas bien haut...) habitaient des personnages mythologiques qui vous voulaient du bien (ou du mal...) mais qui de toutes façons s'occupaient de vous. Il y avait du « répondant »...

La nuit profonde d'avant les illuminations urbaines suffisait à vous emplir d'un sentiment de vénération mystique. Avec chaque étoile filante une âme s'envolait... Orages, conjonctions de planètes, apparitions de comètes étaient autant de manifestations de l'au-delà auxquelles il convenait de porter la plus grande attention.

Avec la Renaissance, avec le développement de la science et de la technique, avec l'avènement des grands télescopes, la vision du monde change radicalement. L'univers s'agrandit sans mesure et se peuple d'objets étranges aux propriétés inouïes.

Tout bouge, tout vibre, tout vit. Des étoiles meurent en explosions gigantesques. Des masses de matière se replient sur elles-mêmes, atteignant des densités si grandes que même la lumière en reste captive. Des galaxies cannibales dévorent leurs voisines et les utilisent comme combustible pour actionner les plus puissants tourniquets du cosmos... Notre soleil lui-même, et nos planètes familières deviennent bien inquiétants sous l'œil du télescope. La moindre éruption à la surface solaire met en jeu des énergies qui jetteraient dans la stupeur toutes les E.D.F. des cinq continents réunis... Et la tache rouge de Jupiter est un incroyable maelström qui dévorerait sans hoquet notre planète entière...

Il y a plus... Les acquis de la physique nous permettent aujourd'hui de comprendre un peu mieux le comportement des objets célestes. Les orbites des planètes obéissent aux lois de la gravité. Les conjonctions et les éclipses sont des incidents de parcours, sans signification profonde.

Au phénomène de la gravité s'ajoute maintenant celui des forces électromagnétiques et nucléaires. Elles suffisent à expliquer bon nombre d'épisodes de la vie stellaire. Le ciel est devenu un vaste laboratoire que les interactions de la physique façonnent, altèrent et font évoluer au cours des ères. Étoiles, galaxies et même l'univers dans son ensemble rendent manifestes leurs activités bourdonnantes.

C'est ici qu'intervient la question : que devient dans tout cela l'antique dialogue entre l'être humain et l'univers ?

Non seulement l'univers familier a été remplacé par un cosmos démesuré à toutes les échelles, mais on a rendu caduques les interprétations traditionnelles des événements célestes en leur substituant des explications scientifiques aussi simples et convaincantes que froides et impersonnelles... L'univers ne répond plus...

Le «sens religieux» est une des caractéristiques les plus fondamentales de l'être humain. Le voici, depuis quelques siècles, privé de son objet, de sa nourriture essentielle et, de plus, largement bafoué. Les grandes religions ont sérieusement marqué le coup. Et, plus gravement encore peut-être, les mythologies tribales, lorsqu'elles entrent en contact avec la civilisation industrielle occidentale. De là est née ce que l'on appelle l'angoisse ou la psychose de l'homme moderne. Il se sent seul, perdu et abandonné dans un univers vide.

Jacques Monod dans son livre «Le hasard et la nécessité» reconnaît cette situation. Il faut, selon lui, abandonner l'ancienne alliance et vivre la solitude qui est la nôtre. Personnellement je n'adhère pas à ce point de vue. Reconnaissons d'abord que la science ne rejoint et n'explique qu'une frange minime du monde réel. Elle est, par nature et par stratégie, réductionniste. Elle procède essentiellement à coups de «tout ceci n'est que ceci». Cette attitude fructueuse est en même temps déformante. La science a tendance à nier ce qui lui échappe. *Je ne crois pas que l'univers soit muet, je crois plutôt que la science est dure d'oreille...*

Notre tâche aujourd'hui est de renouer le dialogue, de retrouver l'ancienne alliance avec un monde enrichi de toutes les dimensions et de toutes les existences que l'astronomie nous a révélées. Il faut maintenant *contempler* le monde pour en percevoir l'harmonie nouvelle, pour en sentir la beauté, pour l'habiter à nouveau.

La voie royale du contrat avec les forces profondes et de la réappropriation des êtres a toujours été la voie des émotions et de la création artistique. La formidable puissance des peintres de Lascaux existe toujours. C'est vers ce réservoir inépuisable qu'il faut nous tourner.

A l'homme moderne s'offre «l'aventure» de la perception cosmique. Ce qui en émergera, nous n'en savons rien, mais il importe de la vivre cette aventure et d'y laisser agir les acteurs qui en sont capables.

C'est dans ce sens que le projet de Jacques Very m'a intéressé et que j'ai voulu y participer. De plus, il impliquait des adolescents, c'est-à-dire des êtres à la fois neufs de préjugés culturels et plongés dans la période de leur plus grande créativité.

En l'adolescent s'éveille un ensemble de forces et de courants profonds qui cherchent à percer. Le confronter avec l'univers stupéfiant de l'astronomie moderne, laisser réagir et s'exprimer les élans intérieurs m'a paru une démarche hautement prometteuse.

Le résultat, le lecteur de ce livre en a déjà pris connaissance. Il a déjà son opinion. Pour moi il a dépassé tout ce que j'attendais.

Il s'agit d'une expérience ponctuelle réalisée avec un groupe d'enfants donné, dans un lycée bien précis de la banlieue parisienne. Elle ne résoudra pas, à elle seule, ce vaste problème. Mais elle aura pour résultat positif d'illustrer, une fois de plus, les potentialités étonnantes des forces créatrices de l'être humain, quand elles sont mises en conditions propices...

«L'imagination au pouvoir» disaient les murs de Mai 1968. Mais le pouvoir de mettre l'imagination au pouvoir ce sont les éducateurs qui le contrôlent largement. Le retour à l'harmonie avec l'univers passe par l'imaginaire et par l'épanouissement des facultés créatrices. Dans ce domaine la responsabilité des éducateurs est grande...

Hubert Reeves

Hubert Reeves : Curriculum vitae, 1990

Né à Montréal, province de Québec, en 1932.
Marié : épouse Camille Scoffier-Reeves.
Quatre enfants : Gilles, Nicolas, Benoît, Evelyne.

Etudes

au collège Jean de Brébeuf, Montréal. B.A. en 1950, au Département de Physique de l'Université de Montréal : B.Sc en Physique en 1953, au Eaton Laboratory de McGill University, Montréal, MSc en physique atomique sous la direction de J.D. Jackson en 1955, au Physics Dept de l'université Cornell, New York State, PhD en astrophysique nucléaire sous la direction de E.E. Salpeter en 1960. Egalement projets de recherches avec H. Bethe et P. Morrison.

Enseignements et Recherches

Assistant professeur au Département de Physique de l'Université de Montréal, de 1960 à 1964.
Chercheur et Consultant à l'Institute for Space Studies, NASA, New York, enseignement à l'Université Columbia, de 1960 à 1964.
Professeur invité au Service de Marcel Demeur, Physique Nucléaire, Université Libre de Bruxelles, Belgique, 1964-1965.
Directeur de recherches au Centre National de la Recherche Scientifique, Paris, et conseiller scientifique au Commissariat à l'Energie Atomique, Saclay, France, de 1965 à maintenant.
Séjour d'un semestre au Département d'Astronomie de l'Université Berkeley, California, U.S.A. en 1981.
Enseignement de cosmologie au Département de Physique de l'Université de Montréal, un mois par année (octobre) depuis 1981.

Enseignement de cosmologie à l'Université Paris VII, deux semestres, depuis 1986.

Travaux de recherches

Réactions thermonucléaires dans les noyaux stellaires: fusion du carbone et de l'oxygène. Spectre de neutrinos solaires. Processus r et s dans les étoiles. Origine des éléments légers: lithium, beryllium et bore. Abondance du deutérium et de l'hélium dans le système solaire et dans l'univers. Densité de l'univers.

Etude de la transition quark-hadron en cosmologie.
Origine et développement de l'énergie libre dans l'univers en expansion.

Publications professionnelles

Environ cent articles sur ces sujets dans des revues spécialisées, et deux livres:

1) Stellar evolution and nucleosynthesis. 1968 publié chez Gordon and Breach. New York. En français: Evolution nucléaire et Nucléosynthèse. Dunod, Paris, 1968.

2) Nuclear Reactions in Stellar Surfaces. 1972, Gordon and Breach, New York.

Travaux de vulgarisation

Livres

1) Soleil, en collaboration avec Jacques Véry, Eliane Dauphin-Lemierre et les enfants d'un CES (école). La Noria, Paris et Lied, Genève, 1977.

2) Patience dans l'azur. Le Seuil, Paris, 1981. *Prix de la Fondation de France en 1982.* Traduit en anglais, italien, espagnol, catalan, portugais, brésilien, hollandais, allemand, grec, japonais, polonais.

3) Poussières d'étoiles. Album illustré. *Prix de la Société française de Physique 1985.* Le Seuil, Paris, 1984.

4) L'heure de s'enivrer. Le Seuil, Paris, en 1986, *Prix Blaise Pascal de la ville de Clermont-Ferrand 1988.* Traductions publiées: en portugais, hollandais. Traductions en préparation: américain, grec, allemand, espagnol.

Films scientifiques

1) Les étoiles naissent aussi. Centre National de la Documentation Pédagogique, Paris.

2) Le Soleil, notre étoile. Centre National de la Documentation Pédagogique, Paris.

3) La vie dans l'univers. 15 émissions de 30 minutes, sur FR3 en 1982 (troisième chaîne française).

4) Un soir, une étoile. 66 émissions de 2 minutes sur TF1 en 1984, (première chaîne française).

5) Diaporama: Cosmologie, avec Alain Superbie et Michel Gonzalès 1982.

Distinctions

Doctorat honorifique: Université de Montréal, juin 1983.
Doctorat honorifique: Université de Berne: décembre 1989.
Doctorat honorifique: Université de Moncton, Canada, sera attribué en 1990.
Chevalier de l'Ordre du Mérite, République Française, 1976.
Chevalier de la Légion d'honneur, France, 1986.
Membre de l'Académie Canadienne-française, 1988.

Prix

Prix de la Fondation de France en 1982.
Prix de la Société française de Physique, 1985.
Prix Blaise Pascal de la ville de Clermont-Ferrand, 1988.
Grand Prix de la Francophonie décerné par l'Académie Française, 1989.

Les mesures du système solaire

L'astronomie est faite d'images mais aussi de chiffres. Ce n'est pas par simple obsession de la précision que les scientifiques cherchent à améliorer les mesures. Une nouvelle décimale contient souvent en germe la possibilité de confirmer (ou de rejeter) une explication, ou l'amorce d'une nouvelle façon de comprendre l'univers.
Ici, on a regroupé quelques données essentielles sur les neuf planètes. Notez, par exemple, la colonne des densités moyennes. Elle suffit à illustrer le fait que les quatre premières planètes sont largement rocheuses (elles sont quatre ou cinq fois plus denses que l'eau), alors que les planètes géantes sont largement gazeuses.

Planète	Distance au Soleil, par rapport à la distance Terre-Soleil (150 millions de km)	Période de révolution autour du Soleil	Vitesse orbitale moyenne (km/sec.)	Excentricité de l'orbite	Inclinaison de l'orbite par rapport au plan moyen du système solaire
Mercure	0,39	88 jours	48	0,21	7°00'
Vénus	0,73	225 jours	35	0,01	3°23'
Terre	1,00	365 jours	30	0,02	
Mars	1,52	687 jours	24	0,09	1°51'
Jupiter	5,2	11,9 ans	13	0,05	1°18'
Saturne	9,5	29,4 ans	10	0,06	2°29'
Uranus	19,2	84 ans	6,8	0,05	0°46'
Neptune	30,1	165 ans	5,4	0,01	1°46'
Pluton	39,4	248 ans	4,7	0,25	17°10'

...yon équatorial (kilomètre)	Volume par rapport à celui de la Terre	Masse par rapport à celle de la Terre	Densité moyenne par rapport à celle de l'eau	Vitesse d'échappement (km/sec.)	Période de rotation
2 420	0,05	0,05	5,4	4,2	88 jours
6 100	0,88	0,81	5,1	10,3	260 jours (?)
6 378	1,00	1,00	5,5	11,2	24 heures
3 380	0,150	0,11	3,97	5,0	24 h 38
71 350	1 318	318	1,3	61	9 h 50
60 400	769	95	0,68	37	10 h 49
23 800	50	14	1,60	22	15 h
22 200	42	17	2,25	25	6 jours
3 000 (?)	0,1	0,8 (?)			

Jacques Very

Naît en 1938 à Paris.
Enfance d'un petit parisien de la butte aux cailles.
A la chance, à 16 ans, de rencontrer les peintres Roger Limouse et Jeanne Laillard.
Élève de l'École des Beaux-Arts de Paris, de 1957 à 1962, suit parallèlement les cours de Jean Delpech à Montparnasse.
Puis titulaire du professorat de dessin d'art de la ville de Paris, enseigne dans les écoles et les collèges parisiens, rencontre des enseignants qui, tout en poursuivant leur création personnelle, réfléchissent et pratiquent une pédagogie active de l'enseignement du dessin. Avec eux, découvre la richesse créative des enfants.

En 1966, participe avec une équipe d'enseignants à la maison de la radio à l'exposition « Art Matière Première » conçue par Paul Clément avec qui il se lie d'amitié. Nommé en 1970 au C.E.S. des Ulis à Orsay, travaille en équipe pluridisciplinaire spécialement avec Jeanne Demangeat avec qui il créé un atelier de gravure pour les enfants et tente un certain nombre d'expériences d'ouverture sur la vie.
Les conditions de travail ne permettant plus d'assumer son enseignement dans la ligne qu'il s'était fixée, il quitte le C.E.S. et décide de se consacrer à la formation de futurs instituteurs.

Diverses expositions :
« Quand l'enfant crée l'image » M.J.C, Maisons de Culture.
« Visions d'enfants du monde des Insectes » Muséum d'Histoire Naturelle.
« L'école en banderoles » Musée des Arts et Traditions Populaires.

Eliane Dauphin-Lemierre

Née en 1942 à Paris
Certifiée de lettres classiques.
Maîtrise de sciences du langage.
Rencontre au C.E.S. des Ulis à Orsay Jacques Very avec qui elle se lie d'amitié ; leur intérêt commun pour l'enfant les amène à travailler en équipe.
Elle estime devoir beaucoup au livre d'Elisabeth Bing « Et je nageai jusqu'à la page » (Ed. des Femmes) qui lui a permis de préciser sa pédagogie de l'écriture.

Curriculum-vitae du groupe

Une classe, c'est 35 élèves très différents et qui ne cherchent pas obligatoirement à se rencontrer. Un jour, le Dessin, le Français, et la Technologie se sont rejoints en une forme d'enseignement nouvelle. Jacques Very et Eliane Dauphin nous ont appris à nous connaître en nous invitant à dessiner, peindre, écrire. D'abord, chacun en lui-même découvrait une richesse, une imagination à exploiter dans la création. Ensuite, des individus, à travers ce travail d'approche des insectes ou du soleil, se sont rencontrés. Ainsi, le Groupe est né. Issus de plusieurs classes, âgés de 12 à 14 ans, les enfants ont appris à s'écouter, ont travaillé ensemble avec acharnement et enthousiasme. L'aventure était passionnante. Toutes les barrières sautaient. Celles qui séparent les disciplines « scolaires », celles qui séparent les profs et les élèves, les individus enfin. Pour certains, c'était la découverte du plaisir d'écrire, pour d'autres une prise de conscience de la communication. Le groupe est formé d'une majorité de filles. Il ne s'est pas disloqué. Même si je suis en 1re A et Félicie en 1re C dans un autre lycée, nous restons amies. Et sans cette aventure menée ensemble, nous ne nous serions jamais connues. Lorsqu'il a besoin de nous, Jacques Very nous appelle, et le groupe se reforme.

Hélène, pour le groupe

Hélène Plaziat, pour le groupe d'enfants, a suivi la réalisation concrète de ce projet du début à la fin. Ses idées furent précieuses.

Remerciements à Nicole Delsarte, professeur de physique, pour sa participation au projet, ainsi qu'à Micheline de Pierrefeu, Camille Scoffier, Violaine Very.

Revues astronomiques

Voici une liste de quelques revues astronomiques françaises et américaines.
Je recommande en particulier, pour ceux qui connaissent l'anglais, la revue « Sky an Telescope », ma favorite. On y trouve toujours des photos magnifiques et des reportages intéressants sur les dernières actualités scientifiques.

L'Astronomie.
Société Astronomique de France
3 rue Beethoven - 75106 Paris
Tél. 224.13.74.

Espace Information.
Bulletin trimestriel destiné aux enseignants, aux éducateurs et aux animateurs.
18 av. Édouard-Belin - 35055 Toulouse Cedex.

Les cahiers Clairaut.
Bulletin du Comité de Liaison Astronomes et Enseignants
Mme F. Delmas, Institut d'Astrophysique de Paris.
98 bis, bd Arago - 75014 Paris.

Ciel et Terre.
Bulletin de la Soc. Belge d'Astronomie, de Météorologie et de Physique du Globe.
P. Paquet, av. Circulaire 3 - 1180 Bruxelles

Infos Astro.
Revue des Clubs d'Astronomie
Commission Clubs Astronomie
Association Nationale Sciences Techniques Jeunesse,
Palais de la Découverte
Tél. 906.82.20.

Astrolab.
Philippe Bury
51 rue Croix-Verte - 87000 Limoges
Tél. (55) 79.24.64.

Sky and Telescope.
Sky Publishing Corporation
49.50.51 Bay State Road - Cambridge - Mass. 02138 - U.S.A.

Mercury
Astronomical Society of the Pacific
1244 Noriega Street,
San Francisco - Calif. 94122.

Griffith Observer.
Griffith Observatory 638.
2800 East Observatory Road - Los Angeles - Calif. 90027

Journal of the American Association of Variable Star Observers.
American Association of Variable Star Observers
187 Concord av. - Cambridge - Mass. 02138

Astronomy
New Subscriber Services
P.O. Box 186 - Westchester - 111.60153

Journal for the History of Astronomy
Science History Publications Ltd.
Halfpenny Furze, Mill Lane,
Chalfont St. Giles, Bucks GB.
D'autres revues, de plus grande vulgarisation, présentent occasionnellement des articles de synthèses sur des sujets astronomiques :

La Recherche
57 rue de Seine - 75006 Paris

Scientific American
(en anglais)

Pour la Science
(en français)

Science et Avenir
29, rue du Louvre - 75001 Paris

Science et Vie
5, rue de la Bourse - 75008 Paris

Ciel et Espace.
Association Française d'Astronomie
Parc Montsouris - 19, rue de la Meurthe
75014 Paris - Minitel AFA - Tél. 45.89.81.44.
Cette association organise également des stages d'astronomie.

Bibliographie - Livres

La vie des étoiles
Michel Cassé - Collection pour les Jeunes - Nathan.

L'histoire de l'Univers
Marc Lachièze-Rey - Edition du Mail (1986).

Conversations sur l'Invisible
Jean Audouze, J.-C. Carrière et Michel Cassé - Editions Belfond (1988).

Soleils éclatés
Thierry Montmerle, Nicolas Prantzos - Editions du C.N.R.S. (1981).

Cosmos
Karl Sagan - Editions Mazarine (1981).

Patience dans l'Azur
Hubert Reeves - Editions Le Seuil.
(Ce titre existe également en cassette, au Seuil.)

Poussières d'Etoiles
Hubert Reeves - Editions Le Seuil (1984).

L'heure de s'enivrer
Hubert Reeves - Editions Le Seuil (1986).
(Ce titre existe également en cassette, aux Editions des Femmes.)

Documentation photographique

On peut obtenir des photographies d'objets astronomiques (diapositives, imprimés, posters) en écrivant à :

Lick Observatory,
University of California
Santa Cruz, California 95064, U.S.A.
(noir et blanc).

Hansen Planetariun
15, South State Street
Salt Lake City, Utah 8411, U.S.A.
(couleurs).

Hale Observatories
Photographic Dept
815, Santa Barbara Street
Pasadena, California 91101, U.S.A.
(noir et blanc et couleurs).

Kitt Peak National Observatory
Public Information Office
950, North Cherry Avenue
P.O. Box 26732
Tucson, Arizona, 85726, U.S.A.
(noir et blanc et couleurs).

The Photographic Service Dept
Yerkes Observatory
Williams Bay, Wisconsin U.S.A.
(noir et blanc).

Sur demande, ces institutions enverront leurs catalogues.

En France, de beaux documents existent à :

L'Observatoire de Haute-Provence
Saint-Michel de Provence
Forcalquier
Haute-Provence.

Planetarium
Cité des Sciences et de l'Industrie
Parc de la Villette - Paris.

DIAPORAMA

Cosmologie
Déjà présenté dans de nombreux lycées et écoles. Contacter Alain Superbie, à l'A.D.E.C., à Paris - Tél. 45.06.03.41.

Que voir ?

- **A Paris : Le Palais de la Découverte** et son Planétarium,

La Galerie de la Minéralogie
du Museum, pour voir et toucher des météorites.

- **L'Observatoire de Meudon** (près de Paris - tél. 027.75.30) accueille le public, une ou deux fois par an.
- **La Station des Radiotélescopes de Nancay,** en Sologne, a aussi des journées « portes ouvertes ».
- **L'Observatoire de Haute-Provence,** près de Forcalquier, réserve des soirées à ses visiteurs.
- De nombreux groupes d'astronomie amateurs ouvrent leurs portes (et leurs télescopes) aux personnes intéressées.

En particulier :

- **Le Groupe Astronomique des Yvelines,** Observatoire du château de la Tour - 78510 Triel-sur-Seine,
- **L'Association Astronomique de la Vallée de Chevreuse**
55, avenue des Hirondelles - 91400 Orsay.
- **L'Observatoire du Pic du Midi**
(dans les Pyrenées, près de Tarbes).